“乡村振兴 品牌强农”丛书

主编/陆志荣　副主编/秦伟

苏州大米良作良方

SUZHOU DAMI LIANGZUO LIANGFANG

苏州大学出版社
Soochow University Press

图书在版编目（CIP）数据

苏州大米良作良方／陆志荣主编．—苏州：苏州大学出版社，2019．7
（“乡村振兴　品牌强农”丛书）
ISBN 978-7-5672-2819-1

Ⅰ．①苏…　Ⅱ．①陆…　Ⅲ．①大米－介绍－苏州　Ⅳ．①S511

中国版本图书馆 CIP 数据核字（2019）第 140272 号

书　　名：苏州大米良作良方

主　　编：陆志荣
副 主 编：秦　伟
策　　划：刘　海
责任编辑：刘　海
装帧设计：吴　钰

出版发行：苏州大学出版社（Soochow University Press）
出 品 人：盛惠良
社　　址：苏州市十梓街 1 号　邮编：215006
印　　刷：苏州工业园区美柯乐制版印务有限责任公司印装
网　　址：www. sudapress. com
E - mail：Liuwang@ suda. edu. cn　　QQ：64826224
邮　　箱：sdcbs@ suda. edu. cn
邮购热线：0512-67480030
销售热线：0512-67481020

开　　本：787 mm×960 mm　1/16　印张：15. 5　字数：206 千
版　　次：2019 年 7 月第 1 版
印　　次：2019 年 7 月第 1 次印刷
书　　号：ISBN 978-7-5672-2819-1
定　　价：88. 00 元

编委会名单

序

讲起苏州，一时竟不知说些什么了。苏州在大家的印象里，就是一幅山水图画，如果说洞庭山碧螺春茶叶、阳澄湖大闸蟹是山水画中的姹紫嫣红，那么，构成这幅人间天堂传世之作肌理的，就是苏州大地的翠绿湖网和110万亩金色稻海。

这幅画起于何时呢？据文字记载，苏州地区稻作栽培历史始于周朝，《吴越春秋》《越绝书》等古籍中都有充分记载。考古证明，苏州草鞋山遗址古稻田所种植的粳型水稻，时间可追溯到6000多年前，这也是目前世界上发现的最古老的水稻田遗迹之一。

这幅画成于何时呢？苏州自然条件得天独厚，除了四季分明、光照充沛、水量丰富外，境内的土壤就以水稻土为主，土壤肥沃、矿物质含量高，非常适宜水稻生产。秦、汉后，太湖地区文化经济得到进一步发展，到东汉时期，太湖地区逐渐成为全国新生的农业区，西晋左思《吴都赋》讲到吴地“国税再熟之稻”。由于苏州

精耕细作的栽培方式，水稻品种的引进和改良时间早、水平高，水稻耕作水平一直处于领先地位，产量稳定。南宋时，苏州地区水稻生产开始享有“苏湖熟，天下足”“苏常熟，天下足”的美誉。

这幅画盛于何时呢？自隋唐开始，苏州大米为朝廷贡粮，特别是古代社会经济重心南移后，出现了政治、军事中心与经济中心分离的状况，始于苏南的大运河漕运对于各王朝的政治、军事意义更加突出，漕粮几乎供应京城所有居住人员的日常食粮，并极大地支撑着整个中央政府机关的正常运转，苏州始终是维系历代中央政权不可或缺的、最重要的物质基础。唐、宋以后各种史志、文献中大量记载苏州水稻的地方品种，当时苏州已是籼稻、粳稻、糯稻分明，早稻、中稻、晚稻齐全。生产方式上，南宋时期出现稻作两熟制，北宋后期稻麦两熟制全面推广。仅明嘉靖《吴江县志》记及的水稻品种就有100多个，清光绪四年《新昆两县续修合志》记载的水稻品种有94个。新中国成立之初，苏州地区的水稻地方品种非常丰富，据统计多达400余种。目前，国家作物种质资源库搜集整理的苏州地方水稻品种资源就有近百个。

改革开放后，苏州市委市政府确定了“四个百万亩”的现代农业发展格局，提出从保障粮食安全和生态文明角度，永久性保护110万亩水稻田。苏州市农业农村局积极推进水稻产业转型升级、提档增效，各类粮食生产政策性补贴持续强化，地方传统优质水稻种质资源得到保护和传承，集成推广了主推品种及高产栽培技术，粮食单产水平稳定提高，水稻耕作水平显著提升。2018 年，苏州市农业农村局启动苏州大米区域公用品牌建设，既顺应了保护苏州农业生产空间、保障区域农产品生产能力和自给水平的政策需要，又顺应了发挥农业生态功能、保护苏州生态环境的发展需要，更顺应了农业供给侧结构改革、农业增效、农民增收、农村变美的宗旨需要。苏州大米区域公用品牌传承了“鱼米之乡”的美誉，展现了苏州新一代农业工作者追梦人的形象，《苏州大米良作良方》定能为苏州大米区域公用品牌建设作出有益的贡献，苏州这幅山水画册也会永葆青春，是为之序。

陆志荣

2019 年 6 月 15 日

目 录

总论

苏州地处长江三角洲，太湖之滨。根据苏州草鞋山遗址的考古发现，早在6000年前苏州地区就已经出现农耕了。有关苏州地区稻作栽培的历史记载可追溯到周朝，至秦汉以后苏州地区的稻作栽培逐步发展繁荣起来。魏晋南北朝以后，随着经济重心的南移，北方人口大量南迁，带来了先进的农耕技术，促进了苏州地区农作物生产的迅速发展。唐宋以后，苏州地区进一步发展成为全国粮食和衣着原料的供应基地，其耕作水平、品种更新一直处于领先地位，农作物种质资源十分丰富，地方名特优品种繁多，享有“苏湖熟，天下足”“苏常熟，天下足”的美誉。至明朝，苏州地区的农业生产、品种改良及引进等已经相当成熟，达到历史巅峰。清朝后期，统治者也曾发动品种引进、品种改良等活动，但收效甚微，且由于战乱和自然灾害的频发，不少优秀的地方品种已经灭绝或濒临灭绝。

中华人民共和国成立后，苏州地区依靠深厚的基础，在党和政府的鼓励及支持下，科研、育种、良繁机构以及个人纷纷投入粮食作物的良种选育、改良、引进工作。20世纪60年代后，在“绿色革命”“矮秆育种”风靡全球的时代背景下，我国也以“增加粮食产量、解决温饱”为重心，积极支持、鼓励以粮食作物为主的新品种改良和选育。苏州地区在各级党组织和政府的推动下，掀起了以太湖地区农科所、昆山稻麦原种场等国营育种科研机构、农场为主

力，专家、知识分子和农民全员参与的新品种引进、选育新高潮。这项工作至20世纪80年代达到巅峰，先后引进、选育了一大批产量有突破的新品种，如水稻新品种有“老来青”“农垦57”“农垦58”“苏粳1号”“秀水04”等，其中太湖地区农科所选育的“苏粳1号”在1978年获得全国科学大会科技成果奖。高产、优质的新品推广种植面积快速上升，不仅为粮食增产做出巨大贡献，还使育种工作发生了革命性的变革。进入90年代后，随着生物科技的兴起和国家“种子工程”的启动，育种工作取得了重大进展，尤其是粮食作物产量取得了历史性突破。这个时期的粮食生产开始转而向保证人民生活供给、提高产品质量、科技含量发展，育种工作也从“高产、优质、多抗”向“优质、稳产、多抗”转变，向“名、特、优”“高科技含量、高附加值、高生产能力”的现代农业发展。这个时期，苏州地区引进、选育了许多有影响的新品种，如“秀水122”“武运粳7号”“苏香粳1号”“嘉991”“常优1号”等。

第一篇 水稻品种演变

（一）苏州地区水稻品种的演变

苏州是我国粮棉的主要产区，自有农耕起，这里的劳动人民就开始了有目的的选择栽培，并伴有品种的流通活动。早期的品种流通主要是依靠地区内的农民间互换、人口迁移和商业活动等民间活动带动的。唐宋以后，随着统治者和各级地方政府的参与，作物品种的选育、引进活动逐渐频繁。到明朝，外来新品种和改良选育品种不断丰富，并达到历史的巅峰，这是促进粮食增产、经济发展的一个重要因素，也为以后的新品改良、选育等工作提供了大量的品种资源。20 世纪 60 年代后，随着“绿色革命”等现代科技的兴起和发展，在各级党组织和政府的积极支持与推动下，掀起了政府牵头、全民参与的育种新高潮，苏州地区的农作物品种改良、选育、引进，地方品种资源的保护、利用等一系列科研、育种工作得到了空前发展，在短短的几十年时间内，粮棉作物的品质、产量等发生了质的飞跃。

1992—1995 年，南京博物院等单位与日本宫崎大学合作，对苏州草鞋山遗址的古稻田进行了发掘研究。经科学鉴定，遗址古稻田所种植的水稻属粳型，时间可追溯到 6000 多年前，这是我国发现的首例古稻田，也是目前已发现的世界上最古老的水稻田遗迹之一。

苏州地区稻作历史的记载始于周朝，当时苏州地区的稻作水平已经相当高，这在《吴越春秋》和《越绝书》等古籍中有充分的反映。秦汉后，太湖地区的文化经济得到了进一步发展。根据班固《汉书・食货志》的记载，东汉时期太湖地区的农业生产水平较高，男耕女织的经营方式已经形成，太湖地区也逐渐成为全国新生的农业区。但在唐宋以前，由于中国的经济文化中心尚在北方，因此有关苏州地区水稻品种的记载非常有限。西晋左思的《吴都赋》提到“国税再熟之稻”，证明西晋时期（265—317）苏州地区已有双季稻。宋以前的双季稻似以再生稻为主。

唐宋以后，苏州地区的农业生产加速发展，各种史志、文献中也开始大量记载水稻的地方品种，这时的苏州地区已是籼、粳、糯分明，早稻、中稻、晚稻齐全，如《新唐书·地理志》中有苏州、常州的“贡香粳”的记载。宋代苏籀《双溪集》卷9《务农札子》中“吴地海陵之仓，天下莫及，税稻再熟”的记载，即指苏州地区的稻作在宋代就已有两熟制。有意识有计划的双季稻复种连作，在宋代虽未普及，但已出现，如连作稻品种“乌口稻”。北宋后期宋室南渡以后，小麦被大规模引入苏州地区种植，稻麦两熟制全面推广。两宋时期，水稻品种已经相当丰富，如“箭子稻”“乌口稻”“雪里寻”“师姑粳”为晚熟品种；“红莲稻”“乌野稻”“白野稻”“稻公拣”等都有早熟和晚熟品种；“麦争场”六月成熟，“闪西风”则迟至八月（此处月份为农历制）；糯稻中的“秋风糯”属早熟品种，“师姑糯”和“矮糯”则属晚熟品种；“赤谷稻”似为补种的稻种。范成大在他的《劳畲耕》一诗中就提到8个“吴中米品”，如“长腰”“齐头白”“红莲”“香子”“舜王稻”“占城”“罢亚”“早籼”等。

苏州地区水稻品种的引进和改良时间早、水平高，在全国处于领先地位。宋真宗派人赴福建取“占城稻”，后经改良，使其能适应各种水土气候而成为不同品种，太湖流域的“六十日稻”“赤谷稻”“金钗糯”等都是“占城稻”的改良种。“六十日稻”，又名“早占城”（《宋史》卷一七三《食货上一》；《正德姑苏志》卷十四《土产》）。《玉峰志》卷下《土产》和《琴川志》卷九《叙产》中所载昆山和常熟两县的水稻品种，去其重复至少也有50种以上，而仅乌青一镇就有籼稻70余种，糯稻40余种，糯稻中的“宣州糯”和粳稻中的“睦州红”，从命名中的地名元素即知是引进的良种。

宋代方志中记载的吴地水稻品种数

方志名称（今名）	籼粳品种数	糯稻品种数	合计
宝祐琴川（常熟）志	27	8	35
淳祐玉峰（昆山）志	25	9	34
绍熙吴郡（苏州）志	2	0	2

苏州地区作为重要的粮食生产区在全国有着举足轻重的地位，直到明代以后才逐渐被湖广地区取代。明清时期，吴地农业又率先进入了商品经济的行列。随着水稻品种的更加丰富，对水稻品种进行系统总结也就成为一些有识之士的创举。明嘉靖时，黄省曾撰著《理生玉镜稻品》（又称《稻品》），对稻（稌、稬）、糯（秫）、秔（粳）、秈等概念做了解释，然后列举了35个水稻品种的性状、播种期、成熟期、经济价值以及别名等。有学者统计，明代太湖地区有水稻品种近196个（扣除重复），清代更增加到380个。明嘉靖《吴江县志》记及的水稻品种有100多个，其中籼粳稻67个，糯稻37个；明万历四年《重修昆山县志》记载的水稻品种有36个，其中粳稻19个，糯稻14个，籼稻3个；清光绪四年《新昆两县续修合志》记载水稻品种有94个，其中粳稻47个，糯稻35个，籼稻12个；清末民初修纂的《重修常昭志》卷十五《物产志》中记载的水稻品种有78个。

清朝时期，统治者也曾下令推广良种，但收效甚微。如清康熙五十四年（1715），康熙皇帝曾令苏州织造和江苏督抚推广他本人发现并选育的早熟良种“御稻”。该品种在苏州种植了8年，其中有4年种植面积达百亩以上，但终未推广。其后国民党政府也曾发动良种推广，并取得了一定的成效，后因抗日战争爆发，推广计划终止。

新中国成立初期，苏州地区的水稻地方品种非常丰富，据统计多达400余种，其中不乏品种优异、抗性突出的特异品种。但由于农户一般是在粮食生产田里略加筛选后留下下季的生产用种，或是农民之间相互串换留种，跨地区的种子流通基本没有，所以，大多数的地方品种复杂、混乱，产量等农艺性状较差，综合生产能力落后。20世纪50年代，开始实行“籼改粳”“早改中”“中改晚”，同时大量调入外地优良的水稻品种。到50年代末，籼稻的种植基本绝迹，糯稻的种植面积也逐年锐减，使用的水稻品种主要为地方农家品种。这些大量引进的外来水稻品种，迅速淘汰了当地农家品种。为了挽救正在逐步灭绝的地方品种，政府相关部门组织过多次较大规模的地方品种调查和搜集。江苏省农业科学院、太湖地区农科所、苏州市农村干部学院等院所对太湖地区粳稻品种资源进行了搜集，共计搜集了2000多份品种资源。国家从20世纪50年代开始对地方品种进行全面搜集和补充征集；80年代后，大规模地考察、搜集作物种质资源。目前，国家作物种质资源库搜集整理的苏州地方水稻品种资源就有近百个。蒋荷等于1990年对太湖地区1399个水稻品种资源进行了系统研究，按其成熟时的谷色和植株颜色将它们分成四种类型：

黄稻型　又称厚稻，表现为茎秆粗壮，分蘖适中，穗大而着粒密，穗下垂，剑叶角度较小，有芒或无芒，成熟时籽粒呈黄色，如“黄壳早20日”“一时兴”“飞来凤”“金谷黄”“牛毛黄”“老黄稻”“大黄稻”“矮大种”“洋稻”“312”“三千穗”“老虎稻”。

青稻型　茎秆较坚韧，分蘖力强，叶茂而软，穗茎较长，着粒较稀，成熟时穗下垂，谷粒呈椭圆形，成熟时秆青、籽黄、熟相好，如“老来青”“太湖青”“落霜青”“大绿种”“矮大种”等。

红稻型　颖壳多呈椭圆形，成熟时秆青、籽黄、熟相好。红稻颖壳多呈土红色，有些品种的茎秆和叶片也呈紫红色，茎秆细弱，不耐肥，易倒伏，穗型和茎秆均属一般，着粒稀，谷粒较大，易落粒，米质次，如“芦紫红”“慢谷红”“黑头红”“小红稻”“老来红”“荔枝红”等。

黑稻型　颖壳呈紫黑色或灰黑色，穗型偏小且着粒稀，颖壳较厚，糙米为淡红色或棕黄色，有少数品种为白米且有香味，大多数品种有长芒，如“黑种”“鸡哽稻”“黑香粳”“卡杀鸡”“满稻”“老来黑”“黑壳芦花白”等。

苏州地方水稻品种资源表

名称	产地	名称	产地	名称	产地
白壳糯	常熟	大绿种	昆山	晚黄稻	吴县
补血糯	常熟	叠稻	昆山	早十日黄稻	吴县
打鸟稻	常熟	二等一时兴	昆山	橄榄青	太仓
大头鬼	常熟	红芒糯	昆山	江北糯	太仓
红菱浜种	常熟	阔瓣大绿种	昆山	麻筋糯	太仓
六十日	常熟	帽子头	昆山	双龙	太湖农业科学研究所
慢三早	常熟	木樨球	昆山		
盛塘青	常熟	葡萄青	昆山	矮白稻	吴江
乌锈糯	常熟	齐江青	昆山	白谷	吴江
细柴糯	常熟	太湖清	昆山	白芒稻	吴江
香珠糯	常熟	晚木樨球	昆山	红沙粳	吴江
鸭血糯	常熟	一粒芒	昆山	花壳糯	吴江
有芒白壳旱稻	常熟	早野稻	昆山	荒六石	吴江
银垦	常熟	直塘稻	昆山	老叠谷	吴江
白粳香	昆山	老来黑	吴县	流离种	吴江
长泾糯	昆山	麻金糯	吴县	芦黄	吴江
大红稻	昆山	满稻	吴县	芦黄种	吴江

续表

名称	产地	名称	产地	名称	产地
芦头红	吴江	晚糯稻	吴县	芦柴红	苏州
十种慢种	吴江	香芝糯	吴县	落霜青	苏州
铁头红	吴江	晚籼	沙洲	慢绿种	苏州
细秆黄	吴江	矮大种	苏州	牛毛黄	苏州
香粳糯	吴江	笔秆青	苏州	佘山种	苏州
小果子糯	吴江	踩不倒	苏州	苏御糯	苏州
黑头红	吴江、昆山	长粳糯	苏州	太湖青	苏州
老来红	吴江、昆山	大青种	苏州	铁秆青	苏州
荔枝红	吴江、昆山	呆长青	苏州	一时兴	苏州
慢红谷	吴江、昆山	鹅管白粳稻	苏州	黑香粳	吴县
小红稻	吴江、昆山	飞来凤	苏州	黑种	吴县
金虹糯	吴江	瓜田种	苏州	红壳稻	吴县
白壳稻	吴县	黄壳早 20 日	苏州	黄绿种	吴县
长绿种	吴县	金谷黄	苏州	鸡哽稻	吴县
长兴籼	吴县	金坛糯	苏州	江阴早	吴县
大稻头糯	吴县	烂糯稻	苏州	卡杀鸡	吴县
风景稻	吴县	老黄稻	苏州	一字稻	吴县
黑壳芦花白	吴县	老来青	苏州	早黄稻	吴县
麦级种	吴县	练塘种	苏州		

1949 年，农业部召开第一次全国生产会议，确定推广优良品种为增产措施之一，并讨论了良种普及工作。1950 年，农业部发布了《五年良种普及计划（草案）》。各级政府十分重视水稻品种改良、选育工作，对水稻农家品种进行了全面摸底调查，并在此基础上对上百个农家品种进行评比、筛选，严格淘汰性状差、产量

低的品种。20 世纪 50 年代中期，苏州地区开始试种和推广双季稻；50 年代末 60 年代初，双季稻得到迅速发展。60 年代，“绿色革命”“矮秆育种”的兴起给稻谷生产带来了历史性的变革，以高产良种为中心的新品种逐渐取代产量不高的地方品种。

（二）单季水稻品种

20 世纪 50 年代，苏州地区的水稻种植面积常年在 40 万公顷以上，主要以中季稻、晚季稻为主。当时推广的品种主要有“小黄稻”“凤凰稻”“罗汉稻”“牛毛黄”“野稻”“矮箕野稻”“太湖青”“马黑头红”“四上裕”“绿种”“新太湖青”“红壳糯”“412”等，其中“马黑头红”推广面积达到 2. 67 万公顷，“四上裕”推广 6. 67 万公顷，“412”因抗稻瘟病和纹枯病推广面积达到 9. 33 万公顷。

50 年代中期后，经过科研机构和科技人员对农家品种的系统选育和改良，改良品种开始逐步推广，如“10509”“314”“412”“苏稻 1 号”“老来青”等，其中“10509”在长江中下游各省推广 106. 60 万公顷。由原江苏省稻作试验场（太湖地区农科所）育成的新品种“853”和“苏稻 1 号”推广面积在 10 万公顷以上，其中水稻“853”于 1956 年获得农业部发明奖。1957 年从日本引进“农垦 57”（又名“金南风”）、“农垦 58”（又名“世界稻”），从 60 年代中期至 70 年代早期，其推广种植面积占到水稻总面积的 80% 以上。它们还是对太湖地区晚粳育种做出巨大贡献的主要亲本，在生产上大面积推广应用的品种中有 58 个品种（系）是直接从“农垦 57”中选育而成的（1986 年统计），有 50 多个品种（系）是“农垦 58”的杂交后代，主要有“桂花黄”“沪选 19”“农虎 6 号”“南粳 33”“农虎 3 - 2”“苏粳 2 号”“昆农选 16”“农桂早 3 - 7”“昆稻 2 号”“早单八”“紫金糯”“盐粳 2 号”等。

60年代后，苏州地区开始推广种植双季稻，水稻种植面积迅速上升。到60年代中期，双季稻种植面积占苏州地区水稻总面积的80%以上，而单季粳稻面积明显压缩，常年在8万公顷左右。当时种植的单季稻还是沿用50年代的改良品种为主。

70年代是苏州地区水稻生产的历史高峰阶段。那时全国掀起“农业学大寨”运动，大办农业、大办粮食生产，进一步突出“以粮为纲”；并采取平田整地、围湖造田、毁桑种粮等方法，增加粮食作物播种面积，扩大双季稻、三熟制种植面积。苏州地区水稻种植面积常年在45万公顷左右（41.84万～48.06万公顷），单季粳稻种植面积常年在8万公顷左右（5.59万～9.58万公顷），其中单季种植超过1万公顷的有“苏粳2号”“广二矮3号”“广二矮5号”“农虎6号”（含“农虎3－2”）、“杂优”“昆稻2号”等，其他种植面积较大的品种有“东方红一号”“嘉农14”“昆农8号”“嘉农33”“花培701”（“花培702”）“嘉农76－2”“昆农选16”“农桂早3－7”“东亭三号”等。

进入80年代后，苏州地区的双季稻种植面积迅速下降，整个水稻种植面积也逐渐下降，1981年苏州地区的水稻种植面积为37.62万公顷，1985年下降至28.95万公顷，至80年代末（1990年）水稻种植面积为26.72万公顷。但单季粳稻种植面积迅速上升，1981年为15万公顷，1985年达到了22.83万公顷，至1990年达到历史最高峰，为25.53万公顷，其中种植面积超过1万公顷的品种有“苏粳2号”“昆农选16”“昆稻2号”“紫金糯”“盐粳二号”“早单八”“秀水04”“武育粳2号”“太湖糯”等，其他种植品种有“秀水48”“单鉴31”“秀水122”“祥湖25”“寒优1027”“寒优湘晴”等。

90年代，苏州地区的水稻品种基本为单季稻，只有部分地区零星种植双季稻后季稻品种。1991年苏州地区的单季稻种植面积为25.22万公顷，到1999年下降为20.37万公顷，其中种植面积超过1万公顷的品种有“秀水122”“早单八”“武育粳 2 号”“太湖粳 2 号”“太湖糯”“丙 91－17”“武育粳 5 号”等。

2000 年，苏州地区单季稻种植面积为 17.46 万公顷。进入 21 世纪后，下降速度明显加快，2003 年跌入最低谷，单季稻种植面积为 9.67 万公顷。截至 2005 年，苏州地区的单季稻种植面积为 11.20 万公顷，其中种植面积超过 1 万公顷的品种有“苏香粳 1 号”“武育粳 5 号”“武粳 15”“嘉 991”“常优 1 号”等，其他种植品种有“97－59”“97－37”“申优一号”“泗优 422”“86 优 8 号”“闵优 128”“武运粳 7 号”“武香粳 14”等。

其中有影响的单季水稻品种主要有：

老来青 晚粳品种，系上海市松江县全国水稻丰产模范陈永康从地方晚粳中采用“一穗传”的方法，经过多年精心选育、提纯复壮培育而成。该品种株高 1.20 米左右，耐肥，较抗倒伏，空壳率低，抗白叶枯病较强，但易感纹枯病和穗颈稻瘟病。单季晚稻生育期 155～175 天，双季晚稻生育期 140～150 天。该品种由于适应性广、耐肥抗倒、产量高而稳定等特点，在太湖地区成为当家品种。

农垦 57、农垦 58 “农垦 57”，1957 年从日本引进，可作单季稻或后季稻栽培。该品种株高中等，株型紧凑，叶片狭而较挺，较耐肥，成穗率高，出米率高，米质好，较易感纹枯病和白叶枯病。全生育期单季稻 150 天左右，后季稻 120～125 天。“农垦 58”，同期从日本引进，可作单季稻或后季稻栽培。株高比“农垦 57”高 0.10 米左右，叶片狭而较挺，耐肥抗倒，成穗率高，出米率高，米质好，抗白叶枯病，易感纹枯病等。全生育期单季稻 170～175 天，后季稻 145 天。20 世纪 60 年代中期至 70 年代早期，其推广种植面积占水稻总种植面积的 80% 以上。江、浙、沪累计种植面积达到 946.67 万公顷。

苏粳 2 号 晚粳品种，由苏州地区农业科学研究所于 1965 年从“嘉农－08”中系统选育而成。该品种株高 1 米，株型紧凑，耐肥，着粒密，米粒饱满，米质好，后期易感褐条病。单季稻全生育期 165 ~ 170 天。从 1973 年到 1986 年，一直是苏州地区水稻中的当家品种，主要分布在常熟、太仓、昆山、张家港（沙洲），吴江和吴县有少量种植。1985 年全市种植面积为 2.20 万公顷，1986 年种植面积为 1.75 万公顷，1987 年种植面积减少至 0.46 万公顷，1988 年逐渐退出种植。

昆农选 16　早熟晚粳品种，系昆山县稻麦原种场于 1978 年从“昆农 8 号”变异植株中系统选育而成。该品种适应性好，稳产高产，米质好，出糙率高。抗倒性稍差，不抗纹枯病和穗颈稻瘟病。全生育期 156 ~ 160 天。主要集中在昆山、吴县两地种植，1979 年开始推广，1985 年种植面积达到历史最高峰，为 4.80 万公顷，1986 年下降为 3.04 万公顷，1987 年为 1.65 万公顷，1988 年为 0.90 万公顷，1989 年有零星种植，1990 年基本退出种植。

早单八　中熟晚粳品种，20 世纪 80 年代初期由太湖地区农业科学研究所从“单八”中系统选育而成。该品种株高 1 米左右，株型紧凑，耐肥抗倒，较抗白叶枯病。全生育期 160 天左右。主要集中在太仓、常熟、昆山、吴县种植。1986 年种植面积为 3.77 万公顷，1987 年为 5.99 万公顷，1988 年为 6.67 万公顷，1989 年为 5.31 万公顷，1990 年为 5.10 万公顷，1991 年为 5.78 万公顷，1992 年为 3.63 万公顷，1993—1994 年种植面积为 3.20 万公顷左右，1995—1997 年种植面积在 0.80 万公顷左右，1998 年基本退出种植。

秀水 04　中熟晚粳品种，系浙江省嘉兴地区农业科学研究所选育而成。该品种株高 0.80 米左右，株型紧凑，耐肥抗倒，不易脱粒。抗稻瘟病，感白叶枯病。丰产性好，米质较优，一般亩产 500 千克左右。主要在吴县、吴江、昆山、太仓和常熟种植，张家港和郊区零星种植。通过加大推广力度，到 1986 年，“秀水 04”种植面积 3.79 万公顷，占单季稻种植面积的 15.43%，成为全市单季稻生产的当家品种。此后种植面积不断扩大，1987 年 8.70 万公顷，1988 年 11.37 万公顷，1989 年

11.60万公顷，1990年11.06万公顷，1991年种植量达到顶峰，高达13.01万公顷，为历史最高水平。1992年后，种植面积渐渐减少。全市累计种植面积近60万公顷，其推广速度之快、种植面积之大是历史上少有的。

太湖糯 中熟晚糯品种，1986年由太湖地区农业科学研究所用“祥湖24”与“紫金糯”杂交育成。该品种株高1.05米，全生育期160天左右。1992年被农牧渔业部评为优质糯米，是酿酒行业酿造优质高档黄酒的首选原料。1987年开始推广种植，1988年种植面积0.67万公顷，1989年1.26万公顷，1990年1.34万公顷，1991年1.69万公顷，1992年1.19万公顷，1993年1.6万公顷。由于糯性好、品质优，虽然存在抗病性、抗倒性稍差的问题，但仍有一定种植面积，到2005年种植面积有0.32万公顷，主要在酿酒的常熟、吴江、张家港等市少量种植。

武育粳2号 早熟晚粳品种，系武进县稻麦育种场育成。该品种株高0.95米，株型紧凑，叶色偏淡，穗型中等，结实率高，米质较好，出糙率高，抗病性强，尤其高抗稻瘟病。全生育期155天左右。1987年在苏州地区引种、试种，到1991年种植面积为2.97万公顷，1992年2.34万公顷，1993—1994年3万公顷左右，1996年基本退出种植。

单鉴31 早熟晚粳品种，由吴县农业科学研究所于1981年用“农桂早3号”与“越丰”杂交选育而成。该品种株高1.05米左右，株型较紧凑，抗白叶枯病，纹枯病较轻，感条纹叶枯病。全生育期155～158天。1986年开始在吴县和张家港（沙洲）种植，面积为0.13万公顷。1987年审定，1988—1991年种植面积在0.73万公顷左右，1992—1993年种植面积为0.27万公顷左右，1994年基本退出种植。全市累计推广面积在7万公顷左右。

秀水122 中熟晚粳品种，1988年由浙江省嘉兴市农业科学研究所杂交选育而成，1989年引进示范。该品种株高1米，穗型中偏大。全生育期162天。主要集中

在常熟、昆山、吴江、吴县种植。1992年种植面积为12万公顷，1993年11.79万公顷，1994年10万公顷，1995年10.40万公顷，1996年迅速下降，基本退出种植。全市累计推广面积40余万公顷。

太湖粳2号 中熟晚粳品种，1990年由常熟市农业科学研究所用“太湖糯”与“秀水04”杂交选育而成。该品种株高1.05米左右，株型紧凑，抗稻瘟病，感条纹叶枯病，亩产580千克，抗倒性好，但其适口性稍差。全生育期163天。1994年种植面积1.15万公顷，1995年5.73万公顷，1996年10.47万公顷，1997年1.96万公顷，1998年以后逐渐退出种植。全市累计推广面积为23.33万公顷。

武育粳5号 早熟晚粳品种，系江苏省武进县稻麦育种场用“丙627”和“武育粳3号”杂交育成。该品种株高0.95～1米，叶片中长、厚实秀挺，茎秆粗壮，增肥增产效果显著，穗型较大，籽粒饱满。抗白叶枯病和纹枯病均较轻，且耐肥抗倒。亩产650千克。1995年种植面积为2.3万公顷，1996年8.83万公顷，1997年11.07万公顷，1998年2.67万公顷，1999年迅速下降为0.30万公顷，2003年基本退出种植。全市累计推广面积为15.25万公顷。

武运粳7号 早熟晚粳品种，系江苏省武进市农业科学研究所育成。感光性较强。该品种株高100厘米左右，株型紧凑，茎秆粗壮，抗白叶枯病，易感恶苗病和条纹叶枯病，对水反应敏感。全生育期平均为155～160天。1997年种植面积0.20万公顷，1998年13.73万公顷，1999年16.32万公顷，2000年10.41万公顷，2001年8.81万公顷，2002年4.84万公顷，2003年2.78万公顷，2004年1.27万公顷，2005年0.73万公顷。全市累计种植面积达到46.67万公顷。该品种推广速度之快在苏州历史上是从来没有的。

苏香粳1号 早中熟晚粳品种，由太湖地区农业科学研究所用“新香糯3007”与“单125”杂交育成。株高105厘米，全生育期160天左右。其米质接近部颁一级标准。1997 年开始种植，1998 年达 0.62 万公顷，1999 年增加到 1.35 万公顷，2000 年高达 1.94 万公顷。2001—2004 年种植面积虽有减少，但减量不大，基本在 1.55 万～1.90 万公顷。2005 年种植面积缩减至 0.84 万公顷。由于其米质好、有米香、适口性佳等优点，至今仍有许多地区在种植。全市累计种植面积 9 万公顷。

嘉 991　中熟晚粳品种，系浙江省嘉兴市农业科学研究院选育而成。该品种茎秆粗壮，株高 105 厘米，分蘖力中等，每穗 120～130 粒，结实率 90% 以上，千粒重 27 克左右，丰产性较好。中抗稻瘟病和白叶枯病，感细条病。全生育期 160 天左右。米质指标达到部颁优质米一级标准。2003 年种植面积 1.19 万公顷，2004 年 1.23 万公顷，2005 年 2.43 万公顷。

常优 1 号　中熟杂交晚粳品种，是常熟市农业科学研究所用“武运粳 7 号 A”与“R254”配制，于 1998 年育成的三系杂交粳稻组合。该品种株高 105 厘米，株形适中，群体整齐，长势繁茂，穗型大。高抗稻瘟病，中感白叶枯病，抗条纹叶枯病。全生育期平均 160 天左右。一般亩产达 600 千克以上。米质理化指标达国家优质二级稻米标准，适口性较好。通过多年多点示范，表现出优质、高产、多抗、熟期适宜、制种较容易等综合优良性状。2003 年进入快速发展期，到 2005 年种植面积达 0.58 万公顷，占全市水稻种植面积的 5.4%。

（三）双季稻早稻品种

1954 年，吴江县南部地区在绿肥茬上试种双季稻，1956 年双季稻面积逾 3000 亩，之后逐年有所扩大。60 年代中期后双季稻种植面积迅速扩大，早稻种植面积在 60 年代末达到了 20 万公顷。种植的主要品种有“二九南一号”“二九南二号”“二九南三号”“二九南五号”“二九南八号”系列，“矮南早一号”“辐矮 20”“二九陆一号”“团粒矮”“圭六矮”等。

70年代，苏州地区的双季早稻品种种植面积为14.28万~19.56万公顷。推广的主要品种有“二九南一号”“二九南二号”“二九南三号”“二九南五号”“二九南八号”系列品种，“矮南早”“矮39”“辐矮20”“圭陆矮”“广陆早”“广陆矮4号”“二九青”“二辐早”“原丰早”“中秆早”等。

80年代，苏州地区的双季早稻种植面积迅速下降，1981年为9.88万公顷，1985年为2.32万公顷，1988年后不足1万公顷，至1990年双季早稻面积为0.39万公顷，到90年代基本停止种植，仅在吴江地区有少量种植。推广的主要品种有“广陆矮4号”“原丰早”“中秆早”等。

有影响的双季早稻品种主要有：

二九青　早籼早熟品种，1969年由浙江省农业科学院育成。该品种株高中等，叶色淡绿，株型紧凑，生长整齐，成熟一致，穗型大，结实率高，米质好；生长清秀，耐肥中等，抗病力强。全生育期，作绿肥茬栽培100~105天，作三熟制茬栽培90~97天。1971年开始引进苏州地区种植，1976年最高种植面积达5.53万公顷，全市累计推广面积在26.67万公顷。

广陆矮4号　早熟籼稻品种，系广东省农业科学研究院于1967年育成。该品种株高中等，株型紧凑，茎秆粗壮，耐肥抗倒，谷粒圆满，米质中等。全生育期115~120天。苏州于1970年开始引进种植，1976年种植面积最高，达9.13万公顷，全市累计种植面积达50万公顷。

原丰早　早熟籼稻品种，由浙江省农业科学院原子能研究室于1973年育成。全生育期110天左右，产量较高，对土、肥的适应性广，秧龄弹性较大，栽培上容易掌握，加上粮草齐收，深受群众欢迎。苏州于1974年开始引进种植，1980年种植面积最高，达7.87万公顷。种植面积在4万公顷以上的有8年。全市累计种植面积达53.33万公顷。

（四）双季稻后季稻品种

20世纪60年代中后期苏州地区开始种植双季稻，主要品种有“农垦58”“苏粳1号”“苏粳4号”“沪选19”“东方红一号”等。

70年代，苏州地区双季稻后季稻种植面积常年保持在20万公顷以上（20.71万～22.92万公顷），1979年下降为19.31万公顷，1980年为17.97万公顷。主要品种有“沪选19”“农虎6号”“农虎3－2”“农垦58”“苏粳1号”“苏粳4号”“东方红一号”“桂花黄”“嘉湖4号”等；其他种植品种有“京引15”“武农早”“嘉农14”“江丰3号”“双丰1号”“双丰4号”等。

进入80年代后，苏州地区的双季稻后季稻种植面积迅速下降，1981年为12.73万公顷，1984年为7.40万公顷，1989年则不足1万公顷，1993年只有吴江、吴县地区有少量零星种植，基本退出了种植。主要品种有“农虎6号”“农虎3－2”“嘉湖4号”“南粳33”“沪选19”“京引15”“嘉农33”“农桂早3－7”“昆选1号”“桐青晚”“杨糯204”“宇红1号”“宇红3号”“桂花糯”等；其他种植品种有“东方红一号”“桂花黄”“武农早”“江丰3号”“双丰4号”“复虹糯”“东亭3号”“秀水48”等。

有影响的双季稻后季稻品种主要有：

苏粳1号　中粳品种，又名“桂花黄”，是苏州地区农业科学研究所从意大利的“伯利拉”中系统选育而成。该品种株型紧凑，茎秆粗壮，生长清秀，耐肥抗倒，叶片短宽、叶色深，分蘖弱，穗大粒多。较抗稻瘟病和纹枯病。单季稻全生育期150天左右，株高0.90～1米；后季稻全生育期125～130天，株高约0.70米。该品种于20世纪60年代中期育成，并迅速推广种植，在江苏省曾发展到67万公顷。1973年苏州地区种植面积为2.76万公顷，1974年下降为1.44万公顷，1978

年后零星种植，1981 年后退出种植。

农虎 6 号　迟熟晚粳品种，由浙江省嘉兴地区农业科学研究所选育。株高：一季晚稻 1 米左右，双季晚稻 0.85 米左右。该品种株型紧凑，茎秆坚韧，叶色浓绿。穗型较紧，成穗率高，着粒密，米质好。耐肥抗倒，抗寒力也强，不易早衰，较抗稻瘟病、小球菌核病和黄矮病。全生育期一季晚稻为 165 天左右，双季晚稻为 140 天左右。20 世纪 60 年代中后期开始作为双季稻后季稻栽培，1976 年最高种植面积达 9.33 万公顷，全市累计种植面积达 60 万公顷。

沪选 19　中熟晚粳品种，由上海市农业科学研究院育成。该品种株高中等，叶片较长宽，谷壳薄，出米率高，米质好。全生育期一季晚稻 160 天左右，双季晚稻 130 天左右。20 世纪 60 年代中期开始种植，1970 年种植面积最高，达 6.67 万公顷，全市累计种植面积达 43.33 万公顷。

嘉湖 4 号　迟熟晚粳类型，由浙江省嘉兴地区农业科学研究所育成，20 世纪 70 年代中期开始种植，1978 年推广种植面积达 3.20 万公顷，全市累计种植面积 10 万公顷。

嘉农 33　早熟晚粳品种，由上海市嘉定县农业科学研究所育成。该品种植株中等，叶片较长，穗形较大，谷粒较稀，分蘖弱，早衰。全生育期 155 ～ 160 天。1973 年开始种植，1978 年最高推广面积达 3.20 万公顷，全市累计种植面积达 16 万公顷。

农桂早 3－7　早熟晚粳品种，由吴县农业科学研究所从“农桂早 3 号”中系统选育，于 1976 年育成，1982 年通过江苏省农作物品种审定委员会审定。该品种植株较矮（单季稻 1 米左右，双季稻 0.75 ～ 0.80 米），株型紧凑挺拔，生长清秀，冠层稻盖顶，穗层整齐，粒型整齐，腹白较大，米质中等。丰产性、稳产性较好，较耐肥抗倒，不抗稻瘟病，感白叶枯病、纹枯病。该品种双季晚稻全生育期 130 天左右，一季晚稻全生育期 150 天左右。1978 年开始种植，主要作为双季稻后季稻种植，只有少量的作为单季稻种植。1983 年最高推广面积为 3. 53 万公顷，1986 年下降至 1. 31 万公顷，1987 年为 0. 55 万公顷，全市累计种植面积达 10. 67 万公顷，主要集中在吴县种植。

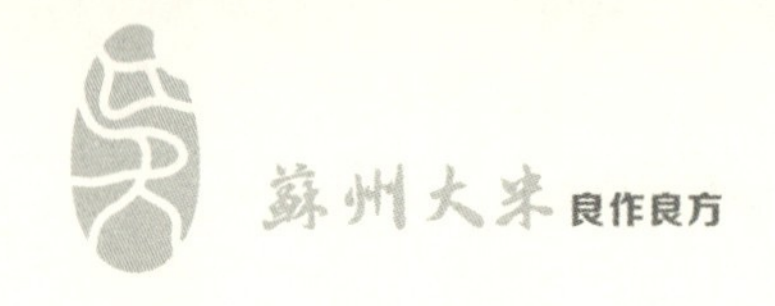

第二篇　水稻品种选育

（一）苏州地区水稻品种选育历史悠久

苏州地区农作物品种选育的历史相当悠久，自史前古代先民将野生植物驯化成粮食作物起，有目的地选择和改良作物的活动就开始了。农作物改良、选育的发展是在唐宋时期，此时苏州地区的水稻品种已经相当繁多，且籼、粳、糯分明，早稻、中稻、晚稻齐全。北宋时期，宋真宗派人赴福建取“占城稻”，“占城稻”后经改良，能适应各种水土气候而成为不同品种，太湖流域的“六十日稻”“赤谷稻”“金钗糯”等都是“占城稻”的改良种，“六十日稻”又名“早占城”。至明清时期，苏州地区农作物的引种、选种已经相当先进和科学。据《农政全书》记载，明朝时期太湖地区的农户已将“水选”和“株选”等方法运用到棉花的选育上，选育出来许多良种，如“吴下种”（太湖地区的棉种）就有很多，行销全国的“太仓鹤王棉”可以说就是当时苏州地区选育出来的良种代表。到了清代，在选种方面总结出了系统选种、存优去劣、“种取佳穗，穗取佳粒”的经验，并沿用传统选种方法选育出各种作物的大量品种。

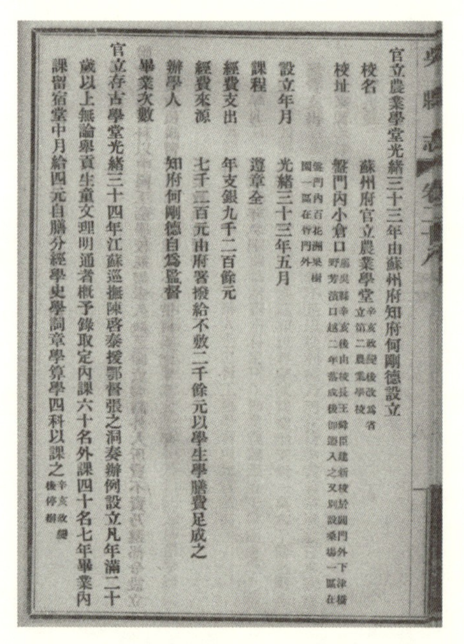

官立農業學堂光緒三十三年由蘇州府知府何剛德設立
校名　蘇州府官立農業學堂
校址　盤門內小倉口
設立年月　光緒三十三年五月
課程　遵章全
經費支出　年支銀九千二百餘元
經費來源　七千二百元由府署撥給不敷二千餘元以學生學膳費足成之
辦學人　知府何剛德自爲監督
畢業次數
官立存古學堂光緒三十四年江蘇巡撫陳啓泰授鄂督張之洞奏辦例設立凡年滿二十歲以上無論舉貢生童文理明通者概予錄取定內課六十名外課四十名七年畢業內課留宿堂中月給四元自膳分經學史學詞章學算學四科以課之

《吴县志》二十八卷
苏州府官立农业学堂成立记载

晚清时期，农作物品种选育从栽培生产中

凸显出来，逐渐发展成一门专业技术，理论和实践开始并进。其中贡献突出的是在苏州创办的苏州府官立农业学堂（1907—1912 年，今天苏州农业职业技术学院的前身）。光绪三十三年（1907），何刚德在盘门内小仓口创立苏州府官立农业学堂，在注重理论的同时积极推进试验实践教学，开辟试验场，并要求："农学以选种、杀虫、制肥为要素，宜按程序，分浅深教之，以资实效。"

江苏省立第二农业学校大门。该校创办于 1912 年，校址初在盘门小仓口，后在下津桥

1911 年，辛亥革命爆发，清王朝覆灭，苏州府官立农业学堂由共和国政体接管。1912 年，在苏州筹备建立江苏省立第二农业学校（1912—1927 年。江苏省立第一农业学校设在南京，即今天南京农业大学的前身），王舜成（号契华，生于 1877 年，江苏太仓人）为江苏省立第二农业学校校长。1917 年，中华农学会在上

海正式成立，推选王舜成为中华农学会第一任会长，学会事务所设在位于苏州的江苏省立第二农业学校（原苏州府官立农业学堂）。这是中国历史上第一个农学专业学术组织，为我国农作物科研理论的发展做出了巨大贡献。当时会员有50余人，著名的专家有梁希、邹秉文、顾复、郑辟疆、邓植仪、吴觉农、丁颖、蔡邦华、吴耕民、金善宝、杨显东、陈植、费鸿年、陈方济等。王舜成在任江苏省立第二农业学校校长期间努力扩大实习耕地，从国内外大量引进农作物、果树、蔬菜、花木、蚕桑等的优良品种。1917年建园艺栽培玻璃温室与促成栽培设施，在此前后又引进结球甘蓝、番茄、无核葡萄、苹果、桃、枇杷等果品新品种，并繁育稻、麦、棉原种供应农民。王舜成的这些举措，为当时国内农业引种、改良之先导。

1927年北伐战争后，国民政府定都南京，江苏省立第二农业学校改名为“江苏省立苏州农业学校”（1927—1937）。当时的江苏省立苏州农业学校对科研和推广较为重视，各科均注意向国内外征集优良品种，通过品种比较试验或杂交育种，育成良种推广。如水稻曾收集到200多个品系，认为优良的有40余种，经过试验比较，其中以“神力”“无锡大黄稻”“飞来凤”“红芒粳”“白壳糯”等的产量最高，曾育成水稻中粳良种“314”，推广于苏锡澄中稻地区。

江苏省立苏州农业学校蚕科制种室

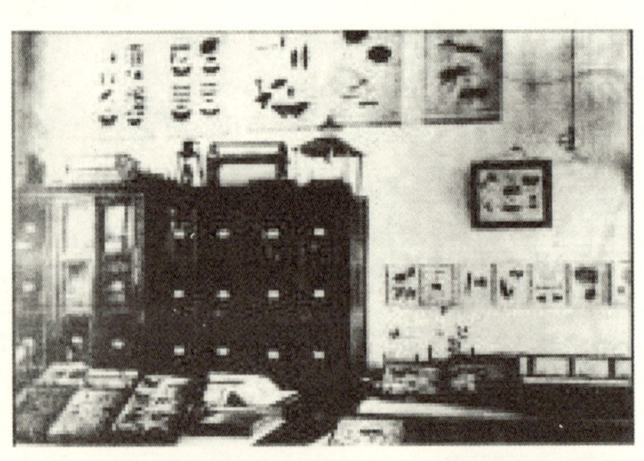

江苏省立苏州农业学校病虫害研究室

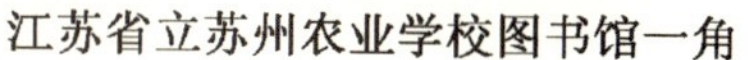
江苏省立苏州农业学校图书馆一角

江苏省立苏州农业学校标本室

1937 年，日本侵略军入侵，苏城沦陷，学校为敌军营及伤兵医院所占。1946 年学校复建，并改称为“江苏省立苏州高级农业职业学校”。复校时学科设置除农、蚕、园三科外，增设农产制造科。1949 年新中国成立后，江苏省立苏州高级农业职业学校由人民政府接管，更名为“苏南苏州高级农业技术学校”。1952 年江苏省人民政府成立，学校定名为“江苏省苏州农业学校”。2001 年，该校升格为苏州农业职业技术学院。由于战争、政权更迭、教育改革等一系列历史性变革，该学校的工作重点开始转向教育、科研。

（二）新中国成立后的水稻品种选育

在品种选育上取得重大突破还是在新中国成立后。从 20 世纪 60 年代起，苏州地区的学校、育种单位、原（良）种场等各个单位的技术人员和农民纷纷投入新品种的改良、选育。新中国成立初期，苏州地区主要是稻麦（稻油、稻绿肥）的两熟制，60 年代后，发展出了双季稻（约占 15%）、稻麦（稻油、稻绿肥）的两熟制（约占 85%）。当时的品种改良、选育目标是以高产为主，麦子、油菜和棉花等以选育适应稻麦、稻油和棉麦套作需要的品种为主。各地纷纷开展了粮、棉、油主要农作物的地方品种评选推广工作。例如，水稻品种有“太湖青”“马黑头红”“四上裕”“绿种”“新太湖青”“红壳糯”“412”等。这些产量高的品种为当时的粮食增产做出了巨大的贡献。1960年后，对农家品种改良的品种陆续通过认定，如苏州地区农业科学研究所先后选育的“苏稻1号”“苏稻2号”等。

袁隆平院士及省、市领导
在常熟视察杂交粳稻新组合

“常优”系列育成者端木银熙

至20世纪70年代，耕作制度发生改革，由双熟制发展到三熟制，再走上“双三熟制”。育种的目标也随之改变，除了产量外，作物的熟期也是主要的选择标准，同时要兼顾矮秆、抗逆、抗病等性状。1977年，苏州地区农业科学研究所、县原（良）种场以及大部分公社农科站都建立了当家品种的三圃田。与此同时，通过群众性的良种选优、优中选优的办法，各县选出了不少有苗头的新品种（系），如昆山选出了后季稻“后选一号”“后选111”；常熟选出了早熟籼稻“常丰早一号”、后季稻“银垦”；吴县从“广陆矮四号”中选出了早熟籼稻“吴广早”；等等。1978年，吴县农业科学研究所科技人员通过杂交选育出“农桂早3－7”，1982年通过审定。通过杂交改良选育的新品种逐渐被推广种植。

20世纪80年代后，引种的步伐逐渐加快，在主要作物高产的同时兼顾品质和抗性。在政府和农业主管部门的积极引导和推动下，引进品种的数量和质量逐年提升。到90年代中后期，苏州地区粮食生产推广的品种以外来引进品种为主。80年代后，新品种的选育工作主要集中在农业科学研究所和农场，如苏州市农业科学研究所（太湖地区农业科学研究所）在新中国成立后先后育成的水稻新品种有：“853”“苏粳1号”“苏粳2号”“苏粳7号”“早单八”“太湖糯”“苏香粳1号”“苏香粳2号”“苏粳优1号”“苏粳优2号”。常熟市农业科学研究所先后育成了“太湖粳1号”“太湖粳2号”，“常熟黑米”“常农粳1号”“常农粳2号”“常农粳3号”，“常优1号”“常优2号”“常优3号”“武运粳7号A”等水稻新品种、新组合、不育系，并在大面积上得到推广应用，全市累计种植面积约40万公顷。

新中国成立后历年通过审定（认定、鉴定）推广的品种

作物	品种	审定年份	备注	作物	品种	审定年份	备注
水稻	农桂早3－7	1982		水稻	单鉴31	1987	
水稻	苏粳7号	1983		水稻	矮秆鸭血糯	1987	引进
水稻	昆农选16	1985		水稻	太湖糯	1989	
水稻	秀水04	1985	引进	水稻	太湖粳1号	1993	
水稻	早单八	1985		水稻	秀水122	1993	引进
水稻	秀水04	1987	引进	水稻	太湖粳1号	1993	

续表

作物	品种	审定年份	备注	作物	品种	审定年份	备注
水稻	太湖糯 2 号	1994		水稻	苏香粳 2 号	2002	
水稻	常熟黑米	1994		水稻	武运粳 7 号 A	2002	
水稻	太湖粳 3 号	1995		水稻	86 优 242	2002	
水稻	太湖粳 4 号	1995		水稻	嘉 991	2005	合作
水稻	太湖粳 6 号	1997		水稻	常优 2 号	2005	
水稻	苏香粳 1 号	1997		水稻	常优 3 号	2005	
水稻	苏丰粳 1 号	1998		水稻	秋风糯	2005	
水稻	常农粳 1 号	1998		水稻	甬优 8 号	2006	合作
水稻	常农粳 2 号	2000		水稻	苏粳 8 号	2006	
水稻	常优 1 号	2002		水稻	8006A	2006	
水稻	常农粳 3 号	2002		水稻	苏粳优 2 号	2006	

（三）贡献突出的科研成果

单季稻 853　由太湖地区农业科学研究所在“矮宁黄”中通过穗行系统选育法选出，米质优良、高产丰产、耐肥不易倒伏、抗虫力强，不易感白叶枯病。1958 年在苏南等地区推广 11. 80 万公顷。1956 年获得农业部发明奖。

苏粳 1 号　20 世纪 60 年代中期至 70 年代初期，太湖地区农业科学研究所从意大利的“伯利拉”中系统选育出中粳品种“苏粳 1 号”（又名“桂花黄”）。该品种株型紧凑，茎秆粗壮，生长清秀，耐肥抗倒，叶片短宽、挺直，叶肉厚，叶色深，分蘖弱，穗大粒多，较抗稻瘟病和纹枯病。作单季稻栽培全生育期 150 天左右，株高 0. 90 ~ 1 米，每穗 80 粒左右，每公顷产量可达 7500 千克；作后季稻栽培全生育期 125 ~ 130 天，株高约 0. 70 米，每穗 60 ~ 70 粒，千粒重 26 ~ 27 克，每公顷产量可达5500～6000千克。在江苏省累计推广达67万公顷，并于1978年获得全国科学大会科技成果奖。

“常优”系列 江苏省常熟市农业科学研究所从1998年至2005年先后育成三系杂交粳稻品种“常优1号”“常优2号”“常优3号”，并通过了国家和江苏省农作物品种审定委员会的审定，是水稻育种新突破。

作为杂交晚粳品种，“常优”系列在长江流域大面积应用有着适应性强、抗逆性好、结实率高、产量稳定、米质佳、口感好等优势，使得杂交粳稻有着广阔的市场前景。“常优1号”是国内首个通过国家品种审定的南方杂交晚粳稻组合，是农机与农艺科学结合的重大突破，也是我国杂交晚粳技术的重大突破，为全国农业持续增效、农民持续增收提供了可靠的技术支撑。到2018年为止，已经在江、浙、沪、皖、鄂等一季晚粳稻区推广种植，现已经成为全国50只主导品种之一，也是唯一的单晚杂交组合。目前，这些优势组合已累计推广种植9万公顷以上，累计增产优质稻谷5600多万千克。在种植“常优1号”过程中，常熟市积极探索科学种植方式，充分利用机械化的力量，用事实证明杂交稻机插秧同样可以获得高产。常熟市从大面积推广种植杂交稻机插秧开始，配套探索机插秧、机收割。

1980年以来农作物新品种选育、推广应用的主要成果

获奖项目名称	获奖单位	获奖等级	获奖时间	颁奖单位
推广“农桂早3－7”夺取粮食增产	苏州市种子站	江苏省农业技术改进三等奖	1984年	江苏省农林厅
推广“紫金糯”促进大面积粮食增产	苏州市种子站	江苏省农业技术改进三等奖	1985年	江苏省农林厅
推广“盐粳2号”促进粮食增产	苏州市种子站	江苏省农业技术改进三等奖	1986年	江苏省农林厅

续表

获奖项目名称	获奖单位	获奖等级	获奖时间	颁奖单位
推广"早单八"促进水稻增产	苏州市种子站、常熟市种子站、昆山县种子站、吴县种子站	江苏省农业技术改进三等奖	1987 年	江苏省农林厅
引种鉴定中熟晚粳"秀水 04"获得成功	苏州市种子站	江苏省农业科学技术进步三等奖	1988 年	江苏省农林厅
加速推广"太湖糯"实现糯稻生产再突破	苏州市种子站	江苏省农业科学技术进步三等奖	1990 年	江苏省农林厅
"秀水 122"引进及推广应用	苏州市种子站	苏州市科学技术进步二等奖	1993 年	苏州市人民政府
"太湖粳 2 号"选育、繁殖与推广应用	苏州市种子站	江苏省农业科学技术进步二等奖	1997 年	江苏省农林厅
"太湖粳 2 号"选育、繁殖与推广应用	常熟市农业科学研究所、苏州市种子站、苏州市粮作站、常熟市种子站等	苏州市科学技术进步一等奖	1997 年	苏州市人民政府
"太湖粳 3 号"选育及其育种技术应用的研究	苏州市职业大学农业分校、无锡市种子站、太湖地区农业科学研究所、苏州市种子站等	江苏省科学技术进步三等奖	1998 年	江苏省人民政府
"武运粳 7 号"的推广与应用	苏州市种子站	江苏省农业科技进步奖二等奖	2000 年	江苏省农林厅
"苏香粳 1 号"的推广应用	苏州市种子站、常熟市种子站、昆山市种子公司、苏州市粮作站	苏州市科学技术进步二等奖	2002 年	苏州市人民政府
优质稻油新品种推广及其产业化	苏州市种子站	江苏省农业技术推广三等奖	2003 年	江苏省人民政府
"武运粳 7 号"科技成果转化	苏州市种子站(第四完成单位)	江苏省农业科技成果转化三等奖	2003 年	江苏省人民政府
水稻新品种"常农粳 4 号"育成与示范推广	常熟市农业科学研究所、苏州市种子管理站	苏州市科学技术进步二等奖	2006 年	苏州市人民政府

第三篇　水稻良种繁推

（一）种子生产

（1）常规种子生产

早期农业生产主要是从大田中选取表现较好的留作下年度种植用种，有经验的农户在作物收获时选择大田中表现出色的单株（或单穗）混合后留种。到了清代，农民总结出了系统选种的方法，开始出现专门用作留种的田块。民国时期，开始出现农场，农场和农业学校参与种子的繁育，并经营给农户。新中国成立后，开始采用除杂去劣，块选、片选和穗选，在以增加粮食产量为主体目的的大生产背景下，政府开始组织种子生产和供应，建立合作社、成立人民公社，种子以自繁、自留、自选、自用为主，辅以必要的调剂。由于种子的生产从粮田生产中独立出来，种子的质量得到了大幅度的提升，粮食增产效果明显。大家都认识到，只要有了好的种子，即使在不增加成本的情况下也能获得好的产量。各级政府也开始重视种子工作。20 世纪 60 年代中期，随着四级农科网的发展，建立了种子田、种子员制度。

20 世纪 60 年代，系统选育、杂交选育、“二圃制法”“三圃制法”等一系列良种选育、改良技术不断成熟。1976 年起，先后建立起一批公社、大队办的种子场（队），重点推广发展大队供种，地方政府从仓库、场地到种子加工设备给予重点扶持，种子严格实行“四单”（单收、单打、单晒、单藏）、“四专”（专用晒场、专用工具、专人负责、专仓保管），并建立起品种示范、繁育、推广制度。

20 世纪 80 年代中期始，苏州市的良种育繁体系发展为市、县、乡三级分工联合形式的原良种育繁推广体系。由市政府组织的苏州市农作物育种协作组牵头协

调，各县（市）农业科学研究所和苏州市农业科学研究所（太湖地区农业科学研究所）负责新品种选育，以及品种的株行、株系和混系的“二圃制法”“三圃制法”繁制原原种提纯复壮工作［1996 年国家制定新的农作物种子质量标准后，取消了原原种分级，分为育种家种子、株行（株系种）、原种和良种］，各县（市）原（良）种场负责原种及部分良种的繁殖，县种子公司和乡种子站负责良种的繁种和供种。据 1990 年统计，苏州市原原种（主要为提纯复壮）繁殖面积 829. 53 公顷，其中水稻 231. 40 公顷；全市的原种田面积为 715. 73 公顷，其中水稻 209 公顷，原种产量 123. 40 万千克；全市的良种田面积为 5190. 40 公顷，其中各县（市）种子公司良繁面积为 970. 33 公顷，县乡联建良繁面积为 1579. 20 公顷，原（良）种场良繁面积 424. 13 公顷，乡建种子村良繁面积 2423. 33 公顷。

20 世纪 90 年代末，随着苏州地区耕地面积和水稻种植面积的下降，稻种的繁育面积也下降；同时，随着各县（市）原（良）种场的转制、取消，苏州市的农作物良种繁育体系也发生了改变，育种家种子（原原种）、原种大多由品种育成单位繁育，良种则由种子公司和乡镇繁育。进入 21 世纪后，随着《中华人民共和国种子法》的颁布实施，种子企业的改制和种子管理体制的改革，苏州市良种繁育供种逐渐由种子公司承担，原种主要从育种单位调入；从事新品种选育的单位有苏州市农业科学研究所（太湖地区农业科学研究所）、常熟市农业科学研究所、太仓市棉花育种中心和苏州市蔬菜研究所等少数几家。

良种的繁育技术由传统的“三圃制法”改良简化为“二圃制法”（如图），“二圃制法”减少了提纯的时间，加快了品种提纯复壮的进度。20 世纪 80 年代后，“二圃制法”逐渐成为品种提纯复壮的基本方法，苏州市水稻品种的提纯复壮都是采用“二圃制法”。

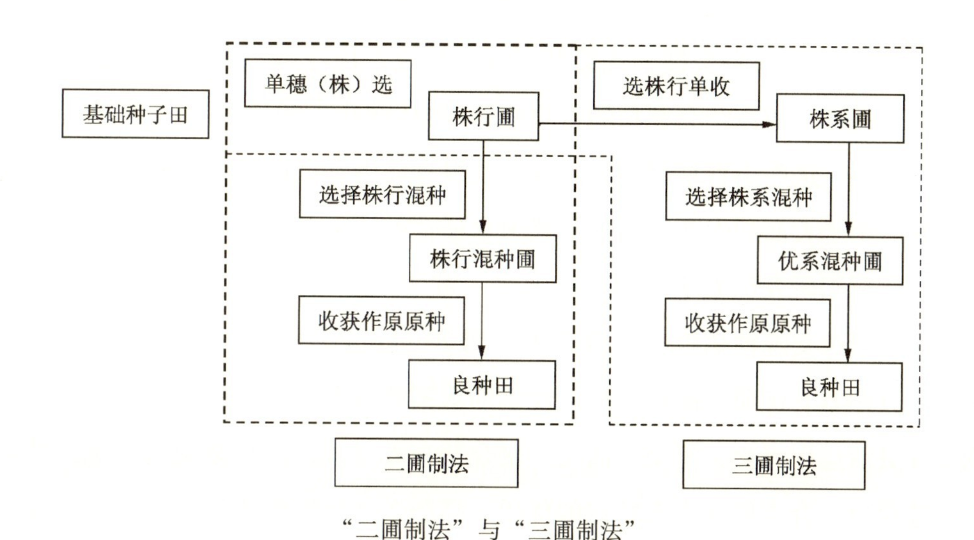

“二圃制法”与“三圃制法”

（2）杂交种子生产

20 世纪 80 年代，苏州地区的杂交种子生产很少，主要集中在农业科学研究所等科研单位进行一些研究选育。90 年代开始，种子管理部门组织引进了杂交粳稻，从中筛选出一批综合性状较好的组合，如“泗优 422”“86 优 8 号”“申优 1 号”。杂交水稻种子的繁育过程是：从外地育种单位引进杂交亲本（不育系、恢复系），由种子生产经营企业制种生产，再推广到大田生产。

到 90 年代末，常熟市农业科学研究所杂交选育出新的粳稻不育系（“武运粳 7 号 A”，已在 2002 年通过审定），并成功选育出“常优 1 号”“常优 2 号”“常优 3 号”等“常优”系列杂交粳稻。2005 年起，常熟市农业科学研究所负责新品种的选育、亲本提纯，江苏中江种业有限公司负责制种和种子经营，苏州市种子管理站负责协调，使杂交粳稻“常优”系列成功推广，促进了苏州市水稻生产的发展。

（3）杂交粳稻繁育技术

目前杂交水稻育种技术主要有“三系配套法”和“两系配套法”，我国 20 世纪60年代中期开始对杂交粳稻优势利用进行研究，1975年实现三系配套，并开始在北方稻区试种。南方杂交粳稻的选育在70年代起步，80年代前后育成了第一批晚粳型不育系，这些不育系与北方恢复系配组育成第一批适合南方种植的杂交粳稻组合，并应用于大面积生产，实现了我国水稻育种的第二次突破，这标志着我国水稻杂种优势利用研究已处于世界领先水平。苏州地区的杂交粳稻育种也开始于80年代前后，以杂交晚粳稻组合选育为主。到20世纪末，苏州科研育种单位引进和筛选一批分别具有优质、高产、抗性性状的水稻种质资源，采用优良性状互补配组原则，并灵活运用单交、复交、回交、聚合杂交等方式，加快杂交后代优良性状的聚合，选育出适合本地区生态特点的优质、高产、多抗粳稻新品种（组合）。同时，开展新品种（组合）配套栽培技术的研究与综合配套技术的集成，不断改良杂交制种技术，充分发挥新育成品种（组合）的增产潜力及利用价值（如图）。

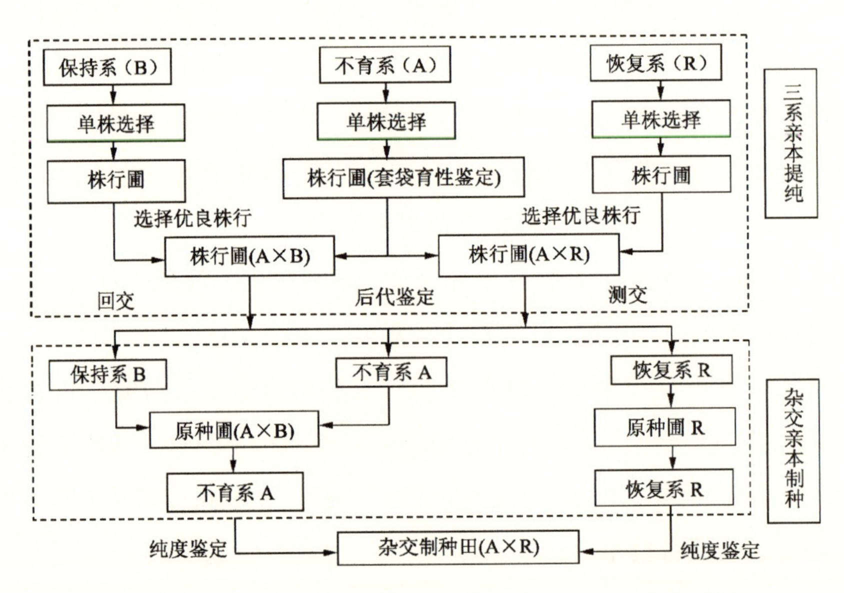

杂交制种技术示意图

（二）良（原）种基地和育种科研单位

20 世纪 50 年代初，苏州地区在全国的大形势下，在接受旧中国原有农事试验场、果园、苗圃等的基础上建立农场，之后不断通过改建、垦荒等发展出农场、良（原）种场。1951 年，农业部发布《粮食作物良种普及实施方案》，要求专区、县示范繁殖农场积极繁殖原（良）种，加快良种普及。其后，国家、省不断推进农场、良（原）种场的建设发展，以提高良种的普及水平。1963 年，江苏省人民委员会发布《关于地区、县属国营农、牧、蔴场整顿意见的批示》，苏州地区原有蔬菜、粮食、棉花等作物的农场经整顿后，有苏州市乳牛场（生产蔬菜）、无锡良种繁育场、常熟县稻麦良种繁育场、太仓县棉花育种场、昆山县稻麦原种场、吴县长桥良种繁育场、吴江县庞山湖稻麦良种繁育场等 7 家原（良）种场。与原（良）种场同期，市、县各级的农业试验站、农业科学研究所纷纷不断发展，截至 20 世纪 80 年代，苏州地区的农业科研育种单位为 8 所，即太湖地区农业科学研究所和张家港、常熟、太仓、昆山、吴县、吴江、苏州市蔬菜研究所等。进入 90 年代后，随着经济的发展，原（良）种场的经营方式开始向多元化发展，各级农科所（站）也开始转型。2000 年以后，随着种子生产、经营的市场化，苏州地区的原（良）种场和农科所（站）开始转制、改制、撤销等，各级原（良）种场大多转制或撤销，仅存的少数农场都是多行业经营的企业建制，农作物科研育种单位仅剩 4 家。

苏州市农作物育种协作组　1983 年，苏州市科委、苏州市农业局、苏州市农干校、太湖地区农业科学研究所，以及沙洲县（今张家港市）、常熟市、太仓县、吴县和吴江县农业科学研究所组织成立了苏州市农作物育种协作组。该协作组初建时有 80 余名科技人员，分水稻、小麦、棉花、油菜 4 个主要农作物新品种育种攻关组。自成立至今，各级政府共投入水稻育种经费 300 多万元，育成品种 40 个，累

计推广面积3000万公顷。

江苏太湖地区农业科学研究所、苏州市农业科学研究所

江苏太湖地区农业科学研究所 成立于1950年5月，当时名称为“苏南农业科学研究所”，所址在无锡荣巷，1951年7月迁至望亭北桥。1952年4月改称为“苏南农业试验场”；1953年4月改称为“江苏省稻作试验场”；1958年7月又改称为“苏州专区农业科学研究所”。“文革”期间，大量科技人员被下放，农科所更名为“苏州专区农业科学技术服务站”。1972年8月，恢复成立苏州地区农业科学研究所。地、市合并后，1983年3月改称为“苏州市农业科学研究所”。同年10月，因江苏省按农区设置的需要，又改称为“江苏太湖地区农业科学研究所”。1990年11月增挂“苏州市农业科学研究所”牌子。

全所总面积43.33公顷，职工237人。建所以来，先后育成的水稻新品种有“853”“苏粳1号”“苏粳2号”“苏粳7号”，“早单八”，“太湖糯”，“苏香粳1号”“苏香粳2号”，“苏粳优1号”“苏粳优2号”。

常熟市农业科学研究所 重建于20世纪70年代中期，占地面积6.67公顷，在编人员57人，其中科技人员20人，科技人员中具有中高级职称者10人。该所是以水稻育种为主的县（市）级农业科学研究所。1984年以来，先后育成了“太湖粳1号”“太湖粳2号”，“常熟黑米”，“常农粳1号”“常农粳2号”“常农粳3号”，“常优1号”“常优2号”“常优3号”，“武运粳七号A”等水稻新品种、新组合、不育系，并在大面积上得到推广应用，累计种植面积约 40 万公顷。

常熟市农科所优质水稻新品种试验示范基地

吴江县庞山湖稻麦良种繁育场　1933 年，国民政府模范区灌溉管理局开始兴工围湖成立庞山湖实验场，始名“模范灌溉庞山湖实验场”。1933—1936 年分三期共围垦耕地 580 公顷，鱼荡 26.67 公顷。新中国的江苏省府成立后，1953 年 5 月 1 日农场划属苏州专区领导，改称“苏州专区农场”，并对农场内部经营关系进行了调整，缩小了范围，将 559.64 公顷耕地分配给 478 户农户耕种，并全部划给当地政府领导，成立乡政府，农场留 60 公顷自耕地经营。1957 年完成了第四期开垦任务，围垦耕地 66.67 公顷，其中 6.67 公顷属农场耕种，其余分属农业合作社所有。1958 年 8 月，农场下放给湖滨公社，称“湖滨公社农场”。2002 年，庞山湖良种场实行整体转制，划归吴江市运东开发区管理，土地进行工业用地开发，不再进行农业生产。2005 年成立庞山湖社区居委会。

1964 年至 2002 年，该繁育场共繁育稻麦良种 1400 余万千克。由于全场是围湖成田，地势低洼，易于受涝，宜于种植水稻，新中国成立前仅种一季籼稻，亩产仅为 150 千克左右。新中国成立后，通过对旧有水利设施的改造和重新规划建设，提高圩田防洪治涝能力，全场变得宜种植水稻、小麦、油菜作物，至 20 世纪 90 年代稻麦亩产量达 750 余千克。

昆山县稻麦原种场　该场于 20 世纪 60 年代成立，原名“昆山县农场”，后更

名为“昆山县稻麦原种场”，2002 年撤销。该原种场先后共选育出新品种（系）10 个，其中水稻 7 个，分别为“昆农 8 号”“昆稻 2 号”“昆农选 16”“昆选 1 号”“后选 111”“早秀水”“88－121”。

（三）种子供应

自留种子　新中国成立前，粮、棉、油种子基本上没有开展经营活动。农民生产用种主要靠自留及农民之间的余缺调剂和相互串换。

就地选留、串换、繁殖、推广（1950—1957）　新中国成立初期，为加快恢复和发展农业生产，农业部于 1950 年制定了《五年良种普及计划（草案）》，随后又制定了良种管理办法、条例等，要求各地广泛开展群众性的选种运动，发动群众选种、留种、评选良种，积极繁育推广现有良种，把依靠当地自选、自留和相互串换良种作为解决农民用种的主要措施。苏州下属各地政府积极响应国家的统一部署，每年按计划与季节先组织干部与农民积极分子进行培训，发动群众开展田间去杂、去劣，进行穗选、片选、块选、场选等。由于做到就地选留、就地串换、就地繁殖、就地推广，满足了农民的需要，同时也有效地解决了盲目调运的问题，因此有力地促进了农业生产的发展。但由于当时承担种子收购、调运和供应工作的是粮食、商业和供销三个部门，因此存在着在实际调运过程中与农业部门衔接不准，农业部门缺乏经验，技术指导不到位等问题。

“四自一辅”（1958—1975）　20 世纪 50 年代中期，专业育种机构和农民育种家培育的新品种陆续投入生产，从外地引进的部分优良品种经过试验示范也开始应用。当时正值全国农业合作化高潮和开展农业增产运动，农民对良种的需求十分迫切，因此有些地方出现了盲目大量调运种子，甚至把不符合良种标准的商品粮作为种子调进，造成种子混杂和农作物减产的情况。针对当时的情况，农业部于 1958

年提出了“自选、自繁、自留、自用，辅之以国家必要调剂”（简称“四自一辅”）的工作方针。60 年代中期，随着四级农科网的发展，建立了种子田、种子员制度，作为生产队农业实验小组设立的“三田”（种子田、高产田、试验田）的基础。当时政府明确由市、县粮食部门开展粮食作物种子的经营工作，由供销部门经营棉花种子和绿肥种子，农业部门负责制定种子繁殖和收购计划。由于当时的条件限制，中央粮食部的种子专项拨款仅仅可经营一部分备荒救灾种子，因此经营的种子数量少，种子的质量与粮食相比也相差不了多少，良种也不分等级。大面积生产用种主要由集体成立种子队，建立种子田来生产。

“三统一”（1976—1982）　1976 年起，随着农业生产户的发展，根据 1975 年全国种子工作会议精神，苏州地区各县在总结“四自一辅”的基础上，建立了一批公社、大队主办的种子场（队），实行“三有三统一”（有仓库、有基地、有队伍，统一繁殖、统一储藏保管、统一供种）。各县重点推广发展大队供种，地方政府从仓库、场地到种子加工设备给予重点扶持，种子严格实行“四单”（单收、单打、单晒、单藏）、“四专”（专用晒场、专用工具、专人负责、专仓保管），并建立起品种示范、繁育、推广制度。1977 年，全地区有 50 多个大队实行了“三统一”供种办法，主要方式有：利用开垦荒地，社、队集体办种子场；以生产队为单位建种子场；大队牵头领导，生产队联合办种子场；由大队选择较好的耕地办种子场；大队种子仓库少，各生产队分品种代办种子场；等等。由于大队供种有效地抑制了种子多、乱、差、错、缺等现象，“三统一”模式迅速在苏州地区推广开来，到 1979 年有 326 个大队实行了“三统一”供种，1981 年有 335 个大队实行“三统一”供种。

“四化一供”（1978—1990）　党的十一届三中全会召开以后，国家在“三统一”取得成功的基础上推行“四化一供”，即种子生产专业化、种子加工机械化、

种子质量标准化、品种布局区域化和以县为单位组织统一供种。苏州地区在1980年开始在油菜等作物中试行“四化一供”，但随着联产承包责任制的推行，“四化一供”未能进一步实施。为适应新的形势，苏州地区推行县供种和县乡联繁联供。各级政府加大对乡级统一供种的扶持力度，全地区165个乡镇，乡乡拨专款建造种子仓库场地，绝大部分还配备了种子精选机、种子检验仪器设备。到20世纪80年代末，苏州市的良种繁育体系格局是：苏州市统一牵头组织规划，按全市稻、麦、棉种植总面积所需良种数量，在6个县级稻、麦、棉原良种场按规划建立三圃原种生产基地，第二年将原种供给县级种子公司和联繁联供乡镇用作良种繁殖用种，第三年将良种再供给农户。据1990年统计，全市原种场用于繁殖原良种的面积是347.47公顷，县、乡镇、村三级的良种繁殖面积是2306.20公顷，生产良种5633万千克，全市县、乡、村三级良种供种率达到70%左右。

“种子产业化”（1991—2005）　1992年，农业部遵照邓小平同志南方谈话精神，提出了“建设中国特色社会主义现代化种子产业”的要求，即改革政、事、企不分及育繁、推销脱节的体制，使科研、生产、加工、销售及相关企业各个环节有机结合，相互促进，协调发展。1995年，在全国农业种子工作会议上，时任国务院副总理姜春云提出了“实行种子革命，创建种子工程”，随后党中央、国务院提出：“九五”期间乃至2010年，要突出抓好种子工程，加强种子产业体系和法规制度建设，逐步实现管理法制化、生产专业化、加工机械化、质量标准化、经营集团化、育繁推销一体化。1996年，农业部组织实施种子工程，苏州地区种子产业也在全国“种子革命”大潮下取得了长足发展，上了一个大台阶。进入21世纪后，随着经济水平的提高，种子生产、经营活动作为市场经济的主要组成之一，开始与政府脱离。同时，各级政府加大了扶农力度，从2004年开始，苏州市政府对全市水稻生产实施了良种补贴实事工程，2005年真正实现了100%良种购种补贴。

（四）种子经营

在新中国成立前，“贷种”是比较成熟的种子经营模式。“贷种”很早就出现了，在封建时期主要是为了抗灾、救种。民国时期，政府为了推广良种也积极推行贷种政策，即农民用土种（或粮食）换取优良的品种。民国十五年，东南大学农科与中华职业教育社等单位合作，在昆山徐公桥创办乡村改进区，介绍稻麦优良品种，贷方种子。新中国成立后，开展了群众选种留种，建立了种子田，“贷种”模式才逐渐改变。苏州地区种子经营工作的发展历程和全国一致，大体上可分为农业部门试办种子公司，粮食、商业（供销）、农业三个部门分工办理，农业部门种子公司（站）统一经营，实行行政许可制度、开放经营四个阶段。

农业部门试办种子公司经营种子（1950—1953）　1950 年，种子经营工作刚刚起步，主要是由县政府负责地区间的种子调剂工作，各级农业部门负责具体办理，之后就由各级农业部门种子站或粮食部门办理种子的经营工作。当年，有几个大区、省农业部门试办种子公司经营种子。苏州地区所在地苏南片也成立了种子分公司。1952—1953 年，试办种子公司的大区、省对种子公司进行了改组，从 1954 年起，不再办理种子经营业务。

粮食、商业（供销）、农业三个部门分工办理种子经营工作（1954—1957）　1954 年，种子经营业务由农业部门转发为粮食、商业（供销）、农业三个部门分工办理，即：农业部门负责制订计划和质量检验，粮食部门负责粮食作物种子的经营业务，商业部门负责油料作物（含大豆）良种的经营，供销合作社系统负责棉花良种的经营业务。

农业部门种子公司（站）统一经营（1958—1986）　1958 年，国务院批转粮食部和农业部《关于成立种子机构的意见的报告》，同意粮食部门将种子经营业务全部移交农业部门。1959 年 4 月，江苏省人民委员会批复省粮食厅、农林厅《关于成立种子经营机构的意见的报告》，即将农业部门原有的种子管理单位合并为行政、技术、经营三合一的行政管理、企业经营的单位，省对外称“种子公司”，对内称“种子处”，专区、县、市称“种子站”，这些单位成为各级农业部门的组成部分。但由于“大跃进”和“文化大革命”的影响，种子经营工作严重受挫。1978 年后，全国开始了改革开放的新发展，种子经营工作也很快得到了恢复。截至 1979 年，苏州地区各县市相继成立种子公司，种子经营工作全面由种子公司（站）办理。1979 年成立苏州地区种子公司。1983 年，苏州地区种子公司更名为“苏州市种子公司”。

实行行政许可制度，多渠道开放经营（1987—2005）　1987 年，全国的种子经营工作发生了历史性的变化。该年 8 月份，农牧渔业部和国家工商行政管理局联合发布了《关于加强农作物种子生产经营管理的暂行规定》，规定种子经营业务开始实行许可准入制，将种子由农业部门种子公司（站）独家经营改为行政许可制度，实行多渠道开放经营。随后，国家进一步完善了相关法律、法规，不断规范种子经营。1989 年 3 月，国务院颁布《中华人民共和国种子管理条例》；1991 年 6 月，农业部发布《中华人民共和国种子管理条例农作物种子实施细则》。2000 年 12 月，《中华人民共和国种子法》正式实施，标志着种子经营工作进一步走上了法制化的轨道，种子企业也成为市场的一份子，也要进入国际市场。

截至 2005 年，苏州地区从事粮食作物（含瓜果蔬菜种子经营）种子生产经营企业有 14 家，其中 9 家种子企业在 2003 年以前一直是附属于农业行政部门的企业，苏州市在 2003 年开始种子企业的脱钩改革工作，其中 70% 的种子公司成功与农业行政部门脱钩，成为民营公司；持有工商执照从事蔬菜种子生产经营的企业不再分装瓜果蔬菜种子，经营单位统计为 240 家左右。从 2001 年起，苏州市、县两级种子管理部门开始对原先发放的种子生产、经营两证进行清理，在宣传法律法规的基础上，要求相关种子企业对照条件重新申领。到2005年，全市共为各市、区改制种子公司和相关种业企业重新核发种子生产许可证12份，种子经营许可证13份。

第四篇　水稻种子管理

（一）检验、加工、储藏

（1）种子检验

20 世纪 50 年代初，种子经营量很少，大量的生产用种主要靠生产队自己选留，即使政府收购一些种子，也主要委托粮食部门收购，由农业部门指定品种指定地点，仅是配合粮食部门做好收购工作。而当时检验工作基础差，手段落后，一般是由粮食化验员凭经验通过眼观、手摸、牙咬、鼻嗅来对种子质量进行判断。1953 年，农业部粮食生产司组织拟定《种子检验办法（草案）》和《种子检验方案（草案）》。

20 世纪 60 年代后期，各级农业部门开始添置一些简单的检验设备，组织最基本的检验技术培训。直到 1978 年后，农业部门参与种子经营工作，开始有了自己的种子质量检验人员，并组织检验技术人员的培训，但种子收购时的质量检验如种子水分、定价标准还需要粮食部门配合，甚至需要他们提供技术支撑。1982 年、1984 年农业部和江苏省农林厅分别开展了各级种子管理部门种子质量检验员的技术培训，对考试合格的学员颁发江苏省种子质量检验员证。

1986 年以后，省、市、县三级加大了培训力度，对乡镇级种子质量检验员也进行种子检验技术培训，并逐步走上了正常化、规范化轨道。种子检验设备逐步完善，检验制度也不断健全。据 1989 年统计，苏州市有县级种子检验室 25 间，检验室面积 560 平方米，各类种子检验仪器 93 件，种子检验技术人员 21 人。全市 111 个乡镇，共有乡种子检验技术员 101 人，种子检验室 1020 平方米，种子检验仪器

300多件。1997年，经苏州市农业局培训发证的种子检验技术人员为141名。1999年，参加苏州市种子站组织的技术培训考核的检验技术人员为140名。2001年，由江苏省种子站统一组织培训考核、由江苏省农林厅发证的检验技术人员为65名。2005年，随着种子企业与农业行政部门的脱离，苏州市持有种子企业检验技术证书的人员为10名。

2000年国家颁布《中华人民共和国种子法》，2003年江苏省发布《江苏省种子条例》，将种子的选育、生产、经营、使用和管理等活动以法律的形式加以规范，并明确规定种子生产经营企业对种子质量的管理和检验负责，农业行政部门负责种子市场和种子质量的监督管理、抽查等宏观监控。在种子质量监督检验工作上，农业部于2003年发布《农作物种子质量纠纷田间现场鉴定办法》、2005年发布《农作物种子检验员考核管理办法》、同年发布《农作物种子质量监督抽查管理办法》，使种子监督检验工作得到了进一步的加强。江苏省农林厅于2006年组织了种子检验机构检验技术员培训考核，苏州市有8名持证检验技术人员。

（2）种子加工

新中国成立前，种子的加工手段十分落后，精选种子的工具主要是农家使用的风车、筛子、簸箕等。新中国成立初期，农作物种子加工从收获到翻晒、扬净等全过程都是采用手工操作，脱粒后用手捧风扬、圆筛选、躺筛选。20世纪50年代后期开始，改用电动马达拖动振荡筛选。

70年代后，苏州地区推广昆山生产的QX81－3型精选机和太仓产的小型精选机，全市508个村共有505台小型精选机。80年代初全市推行乡镇供种和县乡镇联繁联供，国家加大了在种子加工方面的投资和管理力度。到80年代中期，苏州地区各种子公司、良（原）种场、社队引进稻谷种子精选机5X6、5XF－1.3、5XZ－1.0等合计452台，县级有精选机60台，全年精选种子1500万千克，大大提高了

传统的精选机　　　　先进的重力精选机

种子精选的质量和效率。到90年代后期，全市各县级种子公司配套由酒泉生产的种子加工流水线。张家港、太仓、吴江、常熟、苏州市种子公司还安装了种子烘干设备，使种子加工水平上了一个台阶。

在种子加工技术上，2002年，江苏省种子站组织种子加工技术业务培训考核，苏州市持证的种子加工技术人员为6名。

昆山市淀东镇种籽站

（3）种子贮藏

历史上，市郊农作物种子的贮藏，大都是装在麻袋里，储放在室内，有的贮放在缸、甏等容器内。少数注重选种的农户把穗选的稻穗捆扎成把挂放在室内，到来年用种时脱粒。

60年代后，在国家和省的统一要求下，各地区纷纷建立了良种仓库。1963年江苏省种子公司印发了《江苏省良种仓库管理办法草案》，以进一步推进种子贮藏的规范化。1981年，苏州地区共有大队仓库744间，面积16646平方米，可容纳600万千克的种子。1986年，随着地区、县、乡三级良种繁育推广体系的建立，种子公司、良种场和乡种子站都建立了种子贮藏库。1990年，苏州地区种子公司种子库面积为6450平方米，良种场种子库面积为1050平方米，乡种子站种子库面积为16040平方米，共有大队仓库744间，面积23550平方米，可容纳900万千克的种子。

在种子贮藏技术上，2002年，江苏省种子站组织种子贮藏技术业务培训考核，苏州市持证的种子贮藏技术人员为4名。

（二）品种管理

在新中国成立前，农民的生产用种主要是地方品种，且以自留种为主，政府和农民的品种意识还不强。品种管理作为一项重要的政府行政职能还是新中国成立后才启动的，主要是农作物的品种布局和规划，品种的评定（审定），品种的推广监管等。在新中国成立初期，良种的审查、试验等管理尚未得到重视，仍存在盲目的大量调运现象，进而造成了严重减产。1954年后，政府明确提出推广、调运良种必须经过农业主管部门组织的试验和审查。其后，评定良种、布置区域试验、审定品种适应性便被作为农业行政主管部门的重要工作定期开展。到60年代中期，江苏省率先开展省、市品种审定工作，主要农作物品种的推广必须通过审定。

1978年，国务院批转农林部《关于加强种子工作的报告》指出：要建立全国和各省农作物品种审定委员会，未经审定的品种，不得随意推广。1980年春，江苏省成立了农作物品种审定委员会，苏州地区也相应成立了品种审定小组，主要负责农作物新品种（系）的筛选、预备试验，承担江苏省品种审定委员会委托的区域试验和品种审定等工作。从此，农作物品种的审定工作由专门的机构进行，其他行政管理工作如农作物品种的流通、布局、推广等由农业行政主管部门下的种子站（公司）负责。

1981年，全国农作物品种审定委员会成立，并先后发布了《全国农作物品种审定试行条例》（1982年）、《品种区域试验管理办法》（1982年）、《国家农作物品种区域试验和生产试验管理办法》（1984年）、《全国农作物品种审定办法》（1989年）、《主要农作物品种审定办法》（2001年）、《主要农作物范围规定》（2001年）等。2002年，根据《种子法》的规定，第三届全国农作物品种审定委员会届满，新组建第一届国家农作物品种审定委员会。

1989年，国务院颁布《中华人民共和国种子管理条例》，正式以法律的形式提出了农作物品种管理的各项规定，明确指出政府农业部门主管本行政区域内的农作物种子工作，未经审定的品种不得推广等。2000年《中华人民共和国种子法》颁布，提出主要农作物品种的推广必须经过国家、省品种审定委员会的审定；2004年，《江苏省种子条例》颁布实施。至此，农作物品种的选育、试验、审定、推广等管理制度和工作走向法制化。

（三）管理机构

（1）市级种子管理机构

在民国以前，苏州地区没有专门负责种子业务的机构设置。在民国期间，由于无市级建制，江苏省农矿厅（后在建设厅）有负责种子业务的课；基层的种子工作由县农业推广所负责。

新中国成立后，1950年农业部在粮食生产司设种子处，负责良种普及计划，良种的繁育、收购、贮藏和保管，种子鉴定，种子调运，制定种子管理各种法规等，随后并起草了《全国各级种子机构组织暂行办法（草案）》。苏州地区所在地苏南行政公署农林处设立苏南种子公司，在各专署设立种子管理站，在下辖各县设立分支机构“良种管理站”。1952年，苏南种子公司改为良种管理所。1953年，随着各大区、省、专区的改组，江苏省的建立，苏州专员公署（专区）种子管理站撤销。

1958年，国务院批转粮食部、农业部《关于成立种子机构的意见的报告》，正式提出成立专门的种子机构；种子经营机构交农业部门接管，与种子管理机构合并，采取企业核算的办法。1959年，江苏省粮食厅、农林厅也行文《关于成立种子经营机构的意见的报告》，并由江苏省人民委员会批转执行，即种子经营机构成立以后，和农业部门原有的种子管理单位合并为行政、技术、经营三合一的行政管理、企业经营的单位，省对外称“种子公司”，对内称“种子处”，各专区、县、市称“种子站”，成为各级农业部门的组成部分。同年，苏州专区农业局恢复成立种子站，1967年后因“文化大革命”而停止相关工作。

1972年，国务院批转农林部《关于当前种子工作的报告》，要求恢复建立种子工作机构。1978年以后苏州地区和各县农业局开始恢复正常工作，种子管理机构（种子公司）也逐渐恢复建立。当时苏州地区的种子管理机构名称为“苏州地区农业局种子科”。市种子站的主要工作内容有：（1）负责苏州地区稻、麦、棉、油四大作物新品种的引种、品种比较试验、示范、推广等工作。（2）负责管理全地区8个国营原（良）种场稻、麦、棉、油四大作物的良种繁育等工作。（3）全面推行“县、乡、村，三级统一供种”，争取粮食指标，确保县级统一供种顺利开展。20世纪70年代末，在全面推行大队“四有四统一”供种的基础上，试行乡统一供种。当时的主要工作目标是：快速推广新品种，提高生产用种质量，改变大面积生产上品种多、乱、杂的局面，全面提高良种化水平。（4）立足抗灾救灾，全区范围内建立稻、麦良种储备制度，保证辖区粮食生产安全。（5）配合农业局的中心工作，认真抓好各季的生产管理，组织技术人员下乡蹲点、调查、技术指导等。

1983—2005 年，苏州地区和苏州市合并，地区农业局和苏州市农业局合并，实行市管县，“苏州地区农业局种子科”改名为“苏州市种子站”，主要工作内容有：（1）负责全市稻、麦、棉、油四大作物新品种的引种、试验、示范、推广等工作；同时根据全市种植业结构调整的需要，在 1985 年后，增加了西瓜、大白菜新品种的引进、试验、示范、推广工作。（2）负责管理全市 6 个国营原（良）种场稻、麦、棉、油四大作物的良种繁育等工作。（3）实行农村联产承包责任制后，提倡并逐渐推行县、乡二级统一供种，全面提高良种化水平。（4）进一步完善市、县两级水稻良种储备制度。（5）配合农业局中心工作，组织技术人员下乡蹲点、调查、技术指导等。

2000 年，《中华人民共和国种子法》正式颁布，明确种子经营行为市场化，农业行政部门与种子经营行为脱钩。苏州市的主要工作内容有：（1）继续开展稻、麦、棉、油四大农作物新品种的引进、试验工作，加大示范、推广的力度；增加蔬菜新品种的引种、试验、示范、推广。（2）加强对种子市场的监管。（3）成立“苏州市种子公司”，参与粮食、蔬菜种子的经营活动，以及水稻良种的储备工作。（4）建立市级农作物良种引种繁育中心，直接组织各类农作物新品种的试验示范工作。（5）2004年开始在全市实施水稻良种补贴项目，到 2005 年全市实现 100% 水稻良种购种补贴。

2004 年，市种子站的工作职能进一步转型，“苏州市种子站”更名为“苏州市种子管理站”，工作的重点逐步向行政执法、行政管理、公共服务等职能转变。

历任正（副）站（科）长

姓名	性别	学历	职务	任职时间	备注
林开芳	男	大学	副科长	1978—1982	
王志良	男	中专	站长	1982—1992	1983 年后改站
张翰飞	男	大专	副站长	1985—1990	
林一波	男	本科	站长	1990 年至今	1992 年提正站
姜中坚	男	本科	副站长	1991—1996	
吴锡清	男	大专	副站长	1998 年至今	
何建华	男	硕士研究生	副站长	2004—2012	

（2）县级种子管理机构

在民国二十年（1931），苏州地区各县建有农产种子交换所。新中国成立后的1950年，苏州地区下辖各县设立分支机构“良种管理站”。1953年，各专署的种子管理站撤销，开始筹建县种子站。1959年，苏州专区下辖各县、市的种子站（公司）相继成立，1967年后因“文化大革命”而停止相关工作。

1972年，苏州地区下辖无锡、江阴、沙洲、常熟、太仓、昆山、吴江、吴县。常熟、吴县恢复种子站，无锡、江阴、沙洲、太仓、昆山和吴江恢复种子公司。据1982年统计，全市市、县两级的种子管理人员有120名。

1983—2005年，苏州地区和苏州市合并，管理辖区：张家港市、常熟市、太仓市、昆山市、吴县（1995年改为吴县市）、吴江市、郊区。2000年，经国务院批准，撤销吴县市，设立苏州市吴中区、相城区，地级苏州市下辖张家港市、常熟市、太仓市、昆山市、吴江市、吴中区、相城区、虎丘区（高新区）、苏州工业园区。1993年，全市市、县、镇三级从事种子管理工作，并经江苏省种子站登记、编制颁发证章的人员有350名，市级有15名，郊区有20名，常熟有50名，张家港有

50 名，太仓有 65 名，昆山有 45 名，吴县有 50 名，吴江有 55 名。

2003 年，苏州市开始种子管理体制改革，张家港、太仓、昆山和吴江农业行政主管部门成立种子站，种子的经营与管理分离。全市市、县两级从事（分管、兼职）种子管理工作的人员为 40 名左右。

（3）乡镇种子技术员

自 1950 年农业部发布《五年良种普及计划（草案）》，广泛开展群众性选种运动起，基层乡镇（公社）、村（生产队）开始了专门的种子选种和生产。随后，全国各级政府相应成立种子管理机构，基层乡镇（公社）、村（生产队）也设立专职的种子技术员，负责当地的种子选种、繁种等技术指导，以及种子的收购、使用管理等。20 世纪 60 年代，全国进一步加强了良种选育、繁殖工作，实行种子田、种子员制度，基层乡镇（公社）设立专职的种子员，定期接受上级机构的培训，村（生产队）设立技术员。

1972 年，各级种子管理机构相继恢复工作，开始组织基层乡镇（公社）、村（生产队）的种子技术员进行专业技术培训，要求基层乡镇（公社）的种子员专职化。2003 年，苏州市开始种子管理体制改革，全市乡镇种子管理队伍基本健全，人员在 70 名左右。

第五篇　水稻生产标准

ICS 65.020.20
B 05

DB 3205

苏州市农业地方标准

DB3205/T 004—2016
代替 DB3205/T 004—2002

苏御糯稻谷生产技术规程

2016-12-31 发布　　2017-01-01 实施

苏州市质量技术监督局　发布

前　言

为加快对苏御糯稻谷的开发利用，根据《中华人民共和国标准化法》的要求，特制定本标准。

本标准按照 GB/T 1. 1—2009 给出的规则编写。

本标准附录 A 为规范性附录。

本标准由江苏省苏州市农业委员会提出。

本标准起草单位：常熟市作物栽培技术指导站。

本标准主要起草人：毛虎根、仲嘉、张景飞、孙菊英、周纪平、陈金龙。

苏御糯稻谷生产技术规程

1 范围

本标准规定了苏御糯稻谷生产技术规程的产地环境条件、农药使用准则、肥料使用准则、产量指标与产量结构、生育指标、栽培技术、脱粒、运输、包装及贮存等。

本标准适用于苏御糯稻谷的生产。

2 规范性引用文件

下列文件中的条款通过本标准的引用而成为本标准的条款。凡是注日期的引用文本，其随后所有的修改单（不包括勘误的内容）或修订版本不适用于本标准，然而，鼓励根据本标准达成协议的各方研究是否可使用这些文件的最新版本。凡是不注日期的引用文件，其最新版本适用于本标准。

GB 4285—1989 农药安全使用标准

GB 4404. 1—2008 粮食作物种子 第1部分：禾谷类

NY/T 496—2010 肥料合理使用准则 通则

NY/T 5010—2016 无公害农产品 种植业产地环境条件

NY/T 5117—2002 无公害食品 水稻生产技术规程

3 产地环境要求

应符合 NY/T 5010—2016 的规定。

4 农药使用准则

应符合 GB 4285—1989 的规定。生产中的禁用农药品种见附录 A 中表 A.1；常用农药品种及常用剂型、剂量、安全间隔期等见附录 A 中表 A.2。

5 肥料使用准则

应符合 NY/T 496—2010 的规定。

6 产量指标与产量结构

6.1 产量指标

每 667m^2 产稻谷 300kg ~ 350kg。

6.2 产量结构

每 667m^2 成穗 16 万 ~ 18 万穗，每穗总粒 80 粒 ~ 100 粒，结实率 75% ~ 80%，千粒重 28g ~ 30g。

7 生育指标

秧苗秧龄 18 天，叶龄 3 叶 1 心，苗高 12cm ~ 16cm，基茎粗 0.25cm。

8 栽培技术

8.1 育秧

8.1.1 秧田准备

选择土壤肥沃、排灌方便的田块做秧田。秧大田比例为 1：100。

8.1.2 苗床制作

一般畦宽为 1.5m，畦沟宽为 20cm ~ 30cm，沟深 20cm。按规格开沟作畦。畦面要精翻细耖，达到畦平泥熟。

8.1.3 种子处理

种子质量应符合 GB 4404.1—2008 的规定，晒种 1 天 ~ 2 天后进行种子处理，防治恶苗病、干尖线虫病、灰飞虱、稻蓟马。15%“杀螟·乙蒜素”可湿粉 15g，兑水 5kg，浸稻种 3kg ~ 4kg，浸种时间确保 48 小时，然后常温催芽，露白播种。

8.1.4 播量、播期

a）采用育秧基质硬盘育秧，流水线播种，播量每盘播芽谷 150g。每 667m^2 大田备 23 盘～25 盘秧。

b）播种期 5 月 25 日—6 月 1 日，播后叠盘暗化处理，待齐苗后摆盘，并盖无纺布或防虫网。

8.1.5 秧田管理

a）揭膜前保持盘面湿润不发白，缺水补水；揭膜后到秧苗发生卷叶时随即补水，补水方法宜采取灌跑马水或浇水。如遇连续阴雨，须及时排水降渍，防止秧苗蹿高；如遇高温干旱，须灌平沟水，防止出现烧苗。

b）播种后加强秧田管理，根据秧苗生长及时放松无纺布，确保正常生长。

8.1.6 病虫防治

水稻秧田期用药。在移栽前 3 天～4 天揭膜，练苗 1 天后，每亩用 50% 吡蚜酮水分散粒剂 10g +20% “阿维·二嗪磷”乳油 100mL，兑水 40kg ~ 50kg 喷雾。

8.2 大田栽培

8.2.1 耕翻施肥

前茬作物收获后及时耕翻晒垡。推广秸秆还田，每 667m^2 还田量在 200kg 左右。耕翻前每 667m^2 施腐熟畜禽粪 200kg，耕翻后再施 45% 高效缓释肥 25kg 或 45% 复合肥 25kg。旋耕后上水耙田平整待插秧。

8.2.2 大田移栽

a）移栽期在 6 月 15 日—20 日，栽插时要求薄水现泥，淤土田要先沉实，切忌深水和深插。

b）移栽密度：每 667m^2 栽 1.8 万穴左右，每穴 3 苗～5 苗。

8.2.3　分蘖期管理

8.2.3.1　水浆管理

为促进早发，对秸秆还田较多的田块，在活棵后适当进行脱水1天～2天露田，通气促根，以后灌浅水层促分蘖早发适时够苗。当总茎蘖数达15万苗左右时即脱水分次轻搁田，控制无效分蘖。为提高搁田质量，要进行开沟搁田。

8.2.3.2　追肥

a）栽后3天～7天，结合化学除草每667m^{2}追施促蘖肥碳酸氢铵15kg。

b）7月25日左右施促花肥，施三元复合肥15kg～20kg，8月5日前后施保花肥尿素7kg～8kg。

8.2.3.3　化学除草

每亩用30%“苄嘧·丙草胺”可湿性粉剂100g或10%“苄·丁”微粒剂500g或20%“苄·丁”微粒剂250g，拌碳铵或细泥10kg～15kg于水稻移栽后2天～3天撒施。用药时田间要有1寸左右水层，药后保水3天～4天。

8.2.3.4　防病治虫

a）7月20日左右，主攻二代纵卷叶螟、二代大螟、一代二化螟、三代灰飞虱、三代白背飞虱。每亩用30%茚虫威水分散粒剂8g+20%“阿维·二嗪磷”乳油100毫升+50%吡蚜酮水分散粒剂20g，兑水50kg小机喷雾或兑水100kg大机喷雾。

b）8月上旬，主攻三代一峰纵卷叶螟、纹枯病，兼治褐飞虱、白背飞虱。每亩用24%甲氧虫酰肼悬浮剂20mL+40%“敌百·毒死蜱”乳油100g+10%嘧菌酯悬浮剂75mL（或30%“苯甲·丙环唑”乳油30毫升）兑水50kg小机喷雾或兑水150kg大机喷雾。

c）8月中旬，主攻三代二峰纵卷叶螟、三代褐飞虱、纹枯病，兼治白背飞虱、大螟、二化螟。每亩用25%“甲维·茚虫威”水分散粒剂8g（或20%“甲维·茚虫威”悬浮剂10g）+25%“噻虫·吡蚜酮”可湿性粉剂10g+24%噻呋酰胺悬浮剂20mL兑水50kg小机喷雾或兑水150kg大机喷雾，药后保水3天。

8.2.4 孕穗期管理

8.2.4.1 水浆管理

幼穗分化期必须保持水层，其后，采用湿润灌溉的方法。

8.2.4.2 防病治虫

掌握在水稻破口前2天～3天，主攻穗瘟、稻曲病、大螟、二化螟，兼治纵卷叶螟、褐飞虱、纹枯病。每亩用12%“井冈·蛇床素”水剂75毫升（1.5包）+40%“井冈·三环唑”可湿性粉剂50g+75%三环唑水分散粒剂20g+33%“阿维·抑食肼”可湿性粉剂60g+50%烯啶虫胺可溶性粉剂12g，兑水50kg小机喷雾或兑水150kg大机喷雾。

8.2.4.3 肥药混喷

采用根外追肥，结合病虫防治，喷施水稻叶面肥。

8.2.5 成熟期管理

8.2.5.1 水浆管理

在抽穗扬花期保持水层，齐穗后干湿交替，以气养根，保叶增重。收割前7天断水。

8.2.5.2 收割

10月中旬，籽粒黄熟后即可收割。

9 脱粒、运输、包装及贮存

9.1 脱粒

用机械脱粒后，及时自然晒干或低温烘干至稻谷含水率14%以下。

9.2　运输

运输工具应清洁、干燥、有防雨设施。严禁与有毒、有害、有腐蚀性、有异味的物品混运。

9.3　包装

用无污染的包装袋包装。

9.4　贮存

贮存中严禁使用有毒农药防虫、防霉变、防鼠害，杜绝二次污染。

附　录　A

（规范性附录）

苏御糯稻谷生产禁止使用农药种类和常用农药品种

A.1　苏御糯稻谷生产禁止使用农药种类见表 A.1。

表 A.1　苏御糯稻谷生产禁止使用农药品种

农药种类	农药名称	禁用原因
无机砷杀虫剂	砷酸钙、砷酸铅	高毒
有机砷杀菌剂	甲基胂酸锌、甲基胂酸铁铵（田安）、福美甲胂、福美胂	高残留
有机锡杀菌剂	薯瘟锡（三苯基醋酸锡）、三苯基氯化锡、毒菌锡、氯化锡	高残留
有机汞杀菌剂	氯化乙基汞（西力生）、醋酸苯汞（赛力散）	剧毒高残留
有机杂环类	敌枯双	致畸
氟制剂	氟化钙、氟化钠、氟化酸钠、氟乙酰胺、氟铝酸钠、氟硅酸钠	剧毒、高毒、易药害
有机氯杀虫剂	DDT、六六六、林丹、艾氏剂、狄氏剂、五氯酚钠、氯丹、毒杀芬、硫丹	高残留
卤代烷类熏蒸杀虫剂	二溴乙烷、二溴氯丙烷	致癌、致畸
有机磷杀菌剂	稻瘟净、异稻瘟净	异臭味
氨基甲酸酯杀虫剂	克百威（呋喃丹）、涕灭威、灭多威	高毒

续表

农药种类	农药名称	禁用原因
二甲基甲脒类杀虫杀螨剂	杀虫脒	慢性毒性致癌
拟除虫菊酯类杀虫剂	所有拟除虫菊酯类杀虫剂	对鱼毒性大
取代苯类杀虫杀菌剂	五氯硝基苯、稻瘟醇（五氯苯甲醇）、苯菌灵（苯莱特）	国外有致癌报道或二次药害
二苯醚类除草剂	除草醚、草枯醚	慢性毒性

A. 2　苏御糯稻谷生产常用农药品种见表 A. 2。

表 A. 2　苏御糯稻谷生产常用农药品种

药剂名称	剂型	用量	用药方法	安全间隔期
使百克	乳剂	3000 倍	浸种	水稻种子处理
吡虫啉	10% 可湿性粉剂	$20g/667m^2$	浸种，喷雾	14 天
锐劲特	5% 悬浮剂	$40mL/667m^2$	喷雾	20 天
幼禾葆	17. 5% 可湿性粉剂	$240g/667m^2$	喷雾	水稻播种后 1 天 ~3 天
丁苄	10% 微粒剂	$500g/667m^2$	喷雾	水稻移栽后 4 天 ~5 天
特杀螟	55% 可湿性粉剂	$50g/667m^2$	喷雾	10 天
稻螟敌	36% 乳剂	$150mL/667m^2$	喷雾	14 天
稻欢	46% 可湿性粉剂	$80g/667m^2$	喷雾	30 天
真灵	10% 悬浮剂	$120mL/667m^2$	喷雾	14 天
稻螟特	20% 乳剂	$50g/667m^2$	喷雾	14 天
三环唑	25% 可湿性粉剂	$60g/667m^2$	喷雾	21 天

ICS 65. 020. 20
B 05

DB 3205

苏州市农业地方标准

DB3205/T 057—2016
代替 DB3205/T 057—2004

太湖糯稻谷生产技术规程

2016 - 12 - 31 发布　　2017 - 01 - 01 实施

苏州市质量技术监督局 发布

前　言

本标准按照 GB/T 1. 1—2009 给出的规则编写。

本标准附录 A 为规范性附录。

本标准由苏州市农业委员会提出。

本标准起草单位：苏州市农业科学院。

本标准主要起草人：姚月明、沈明星、陆长婴、吴彤东、王建平、乔中英、刘才南、刘凤军。

本标准由苏州市农业科学院负责修订。

本标准主要修订人：谢裕林、沈明星。

引　言

太湖糯是目前苏州市种植面积最大的优质中熟晚糯品种，源库特征属源库互作偏向于库限制型，由苏州市农业科学院采用祥湖24/紫金糯杂交配组选育而成。为加快对太湖糯稻谷的开发利用，推动无公害糯稻产业的发展，根据苏州市糯稻生产的实际情况，特制定本标准。

本标准中的主要技术要求，是依据太湖糯育成以来无公害优质高产栽培技术研究的最新成果而制定的。

太湖糯稻谷生产技术规程

1 范围

本标准规定了无公害农产品太湖糯稻谷生产的产地环境条件、农药使用准则、肥料使用准则、产量指标与产量结构、生育指标、栽培技术、收割、脱粒、档案等。

本标准适用于苏州市无公害农产品太湖糯稻谷的生产，生态条件相近的地区也可参照使用。

2 规范性引用文件

下列文件中的条款通过本标准的引用而成为本标准的条款。凡是注日期的引用文件，其随后所有的修改单（不包括勘误的内容）或修订版均不适用于本标准，然而，鼓励根据本标准达成协议的各方研究是否可使用这些文件的最新版本。凡是不注日期的引用文件，其最新版本适用于本标准。

GB 4285—1989　农药安全使用标准

GB 4404. 1—2008　粮食作物种子第 1 部分：禾谷类

NY/T 496—2010　肥料合理使用准则通则

NY/T 5010—2016　无公害农产品种植业产地环境条件

NY/T 5117—2002　无公害食品水稻生产技术规程

NY/T 5295—2015　无公害农产品产地环境评价准则

3　产地环境

应符合 NY/T 5295—2015 的规定。

4　农药使用准则

应符合 GB 4285—1989 的规定。生产中的禁用农药品种见附录 A（规范性附件）中表 A.1，常用农药品种及常用剂型、剂量、安全间隔期等见附录 A（规范性附件）中表 A.2。

5　肥料使用准则

应符合 NY/T 496—2010 的规定。

6　产量构成与高产主攻途径

6.1　产量指标

每 667m^2 产稻谷 550kg～600kg。

6.2　产量结构

每 667m^2 穗数 22 万～24 万，每穗总粒数 100 粒～110 粒，每穗实粒数 90 粒～100 粒，结实率 90% 左右，千粒重 27g 左右。

6.3　高产主攻途径

每 667m^2 产稻谷 550kg～600kg 的主攻途径——稳源增库。

7　生育指标

7.1　湿润育秧法生育指标

7.1.1　壮秧指标

湿润育秧法的壮秧指标：秧龄 30 天～35 天，叶龄 6.0 叶～7.0 叶，单株带蘖 0.5 个以上。

7.1.2　本田群体指标

宽行条栽，株行距 13.3cm×25cm，每 667m^2 基本苗 6 万～8 万，高峰苗 27 万

左右，22 万～24 万穗。

7.2　机插育秧法生育指标

7.2.1　壮秧指标

秧龄 15 天～18 天，株高 12cm ～ 18cm，叶龄 3.2 叶～3.8 叶，单株白根数 10 条以上，根系盘结好，叶挺色绿，提起不散，不断裂。

7.2.2　本田群体指标

机栽条件下，株行距 12cm × 30cm，每 667m^2 基本苗 7 万～9 万，20 万～22 万穗。

8　育秧

8.1　湿润育秧

8.1.1　秧田准备

选择排灌方便、土壤肥沃疏松的田块做苗床。秧大田比例为 1∶7 ～1∶8（视秧龄而定）。

8.1.2　苗床制作

一般畦宽为 1.4m ～ 1.5m，沟宽为 25cm ～ 30cm，沟深 15cm ～ 20cm。按规格开沟作畦，畦面要精翻细耖，达到畦平泥熟。

8.1.3　种子处理

种子质量应符合 GB 4404.1—2008 的规定，晒种子 1 天～2 天后进行种子处理，防治恶苗病、干尖线虫病、灰飞虱、稻蓟马。每 5kg 种子使用 17%“杀螟·乙蒜素”可湿性粉剂 250 倍～300 倍液浸种，48 小时后捞出可直接常温催短芽播种。

8.1.4　播期、播量

播种期 5 月 15 日—20 日。播种量每 667m^2 大田用种量在 3.5kg ～ 4kg，每 667m^2 秧田播种量在 30kg ～ 32kg。将芽谷按畦定量均匀播种，播后用木板轻塌谷并覆盖秧灰。

8.1.5　秧田管理

每 667m^2 秧田施纯氮 12kg ～ 15kg，氮、磷、钾三要素合理搭配，在施足基肥的基础上，每 667m^2 秧田在一叶一心期施断奶肥尿素 5kg ～ 7.5kg，4 叶期施接力肥尿素 5kg ～ 7.5kg，起秧前 2 天～ 3 天，施用尿素 7.5kg 左右。播种后至三叶前保持秧板湿润，晴天半沟水，阴天排干水。三叶后保持浅水不断水。

8.1.6　病虫防治

水稻秧田期要在移栽前 3 天全面用好起身药，每 667m^2 用 25% 噻嗪酮可湿粉 40g 加 20% 氯虫苯甲酰胺悬浮剂 10mL 兑水 50kg，小机喷雾。

8.2　机插育秧

8.2.1　材料准备

塑盘：每 667m^2 大田应备足规格为 58cm×28cm 的塑盘 26 张～ 28 张。

8.2.2　种子准备

同 8.1.3。

8.2.3　床土准备

提倡选择肥沃疏松、无硬杂质、杂草及病菌少的土壤（如菜园土、耕作熟化的旱田土等）。晴好天气及土堆水分适宜时（含水率 10% ～ 15%，细土手捏成团，落地即散）进行过筛，每 667m^2 大田备足 100kg 营养土，或者采用育秧基质。

8.2.4　秧板制作

选择地势平坦、灌溉便利、集中连片、便于管理的田块做秧田，按秧大田比例 1∶90 ～ 1∶100 留足秧田。播种前 10 天～ 15 天精做秧板，秧板宽 1.4m ～ 1.5m，秧沟宽 0.3m ～ 0.4m（采用沟泥育秧的需加宽 0.1m），秧沟深 0.15m。板面平整光滑，田块高低差不超过 1.0cm。

8.2.5　播期

播种时间一般在5月25日—30日，按插秧时间提前15天～18天，按插秧机3天作业面积为一个批次。

8.2.6　流水线播种

每亩大田用干种子2.5kg～3.0kg，每盘均匀播破胸露白芽谷110g～120g。播种时采用育秧流水线播种。播种后均匀撒盖籽土，覆土厚度为0.4cm～0.6cm。

8.2.7　暗化齐苗

将播种好的秧盘叠放整齐，运入仓库内。以40张～45张硬盘叠为一堆，并在最上层覆盖一张空硬盘遮光；每堆间留出10cm间隙，保证通气，提高秧苗整齐度。暗化时间一般为2天左右，以稻谷整齐露白苗出土0.1cm左右为宜。

8.2.8　移入秧田

秧板上平铺塑盘，每块秧板横排两行，依次平铺，紧密整齐，盘与盘的飞边重叠排放，盘底与床面紧密贴合。

8.2.9　盖无纺布

宜选择规格15g或20g的无纺布覆盖，然后取秧田土块将其四周压实，待齐苗后松去四周压实土块，使无纺布松动自如。移栽前3天～4天揭除炼苗。

8.2.10　水浆管理

播后保持床土湿润不发白，晴好天气灌满沟水，阴雨天气排干水。揭膜前补1次足水，移栽前2天～3天排干水，控湿炼苗。

8.2.11　施起身药

移栽前打药防治一代二化螟、二代灰飞虱，农药品种与剂量同8.1.6。

9 大田栽培

9.1 大田准备

9.1.1 产地选择

根据NY/T 5295—2015的要求，选择和确定生产基地。

9.1.2 耕翻施肥

前茬秸秆全量还田后，板田机施45%复合肥20kg加生物有机肥50kg，提倡每667m^{2}施腐熟畜禽粪1000kg。耕翻晒垡后旋耕或直接旋耕上水耙田。

9.2 大田移栽

9.2.1 移栽时期与质量

水育秧人工移栽期在6月20日前后，最迟不超过6月25日。移栽质量做到浅、直、匀、挺、少，即插得浅，行株距直，每穴苗数匀，秧苗挺直，不飘、不浮、少植伤。

机插期在6月10日—15日。

9.2.2 移栽规格

水育秧人工移栽，株行距13.3cm×25cm，每667m^{2}栽1.8万～2.2万穴，每穴3苗～4苗，每667m^{2}基本苗6万～8万。

机插，株行距12cm×30cm，每667m^{2}栽1.7万～1.8万穴，每穴4苗～5苗，每667m^{2}基本苗7万～9万。

9.2.3 分蘖期管理

9.2.3.1 水浆管理

9.2.3.1.1 人工移栽

秧苗移栽后寸水护苗活棵，返青后浅水分蘖。够苗期稍前（总分蘖数达到目标成穗数的80%～90%时），脱水分次从轻到重搁田，控制无效分蘖，高峰苗数控制

在适宜穗数的1.2倍以内。提倡开沟搁田。

9.2.3.1.2 机插

移栽初期深水护苗，浅水活棵促分蘖；无效分蘖期，多次轻搁控制无效分蘖；高峰苗数控制在适宜穗数的1.2倍以内。

9.2.3.2 追肥

高肥力田块不施分蘖肥，低肥力田块施分蘖肥尿素7.5kg～10kg。7月20日—23日，每667m^{2}追施尿素5.0kg～7.5kg。

9.2.3.3 化学除草

栽后2天～4天，每667m^{2}用30%“丙·苄”可湿性粉剂80g，兑水40kg小机喷雾，并保持水层3天～4天。

9.2.3.4 防病治虫

7月20日—23日，主攻二代纵卷叶螟、稻飞虱，每667m^{2}用25%吡蚜酮悬浮剂30g加25%“甲维·茚虫威”水分散粒剂10g，兑水60kg小机喷雾。

9.2.4 拔节长穗期管理

9.2.4.1 水浆管理

水稻孕穗到抽穗期对水分较为敏感，必须保持10天～15天的2cm～3cm浅水层，然后采用湿润灌溉。

9.2.4.2 追施穗肥

宜采用湿润施肥法，每667m^{2}施尿素5kg～7.5kg或45%复合肥15kg～17kg，分1次～2次。一次施用，促保兼顾，在叶龄余数2.0时～1.5时施；两次施用，促花肥和保花肥用量7∶3，促花肥在叶龄余数3.5时～2.5时施，保花肥在叶龄余数1.5时～1.0时施。穗肥要视叶色落黄情况，群体大、叶色深的田块要少施，甚至不施。

9.2.4.3 防病治虫

8月7日—10日，防治三代纵卷叶螟一峰、褐飞虱、纹枯病，每667m^2用5.7%甲维盐水分散粒剂25g＋50%烯啶虫胺水溶性粉剂10g＋11%“井冈·己唑醇”可湿粉60g，兑水60kg小机喷雾。

8月20日—23日，主攻三代褐飞虱、纹枯病及三代纵卷叶螟二峰，视虫情每667m^2用50%烯啶虫胺水溶性粉剂10g＋25%“甲维·茚虫威”水分散粒剂10g＋24%井冈霉素A水剂40mL兑水60kg喷雾，用药时田间保持浅水层。

破口期防治褐飞虱、四代纵卷叶螟、螟虫、纹枯病、稻瘟病、稻曲病，每667m^2用25%吡蚜酮悬浮剂20g，加20%氯虫苯甲酰胺悬浮剂10mL，加20%“井·三环”悬浮剂100mL，加27%“噻呋·戊唑醇”悬浮剂20mL兑水60kg喷雾，用药时田间保持浅水层。

9.2.5 灌浆结实期管理

9.2.5.1 水浆管理

在抽穗扬花期保持水层，齐穗20天后干湿交替，以气养根，以根养叶，保叶增重。收割前5天～7天断水。

9.2.5.2 根外追肥

对长势较弱的田块，可结合病虫防治，提倡根外追肥，喷施2%尿素、0.2%磷酸二氢钾或惠满丰、肥力宝等叶面肥。

10 收获

收获前7天～10天断水，10月底至11月初，籽粒黄熟时及时收割。脱粒后，及时在清洁的场地上自然晒干或低温烘干至稻谷含水率14%以下。

11　生产档案

11.1　投入品档案

记录肥料、农药的种类、用量、时间及方法等。

11.2　技术档案

记录水稻生产过程中的农艺措施及水稻生长发育动态等。

附　录　A
（规范性附录）
太湖糯稻谷生产禁止使用农药种类和常用农药品种

A.1　太湖糯稻谷生产禁止使用农药品种见表A.1。

表A.1　太湖糯稻谷生产禁止使用农药品种

农药种类	农药名称	禁用原因
无机砷杀虫剂	砷酸钙、砷酸铅	高毒
有机砷杀菌剂	甲基胂酸锌、甲基胂酸铁铵（田安）、福美甲胂、福美胂	高残留
有机锡杀菌剂	薯瘟锡（三苯基醋酸锡）、三苯基氯化锡、毒菌锡、氯化锡	高残留
有机汞杀菌剂	氯化乙基汞（西力生）、醋酸苯汞（赛力散）	剧毒高残留
有机杂环类	敌枯双	致畸
氟制剂	氟化钙、氟化钠、氟化酸钠、氟乙酰胺、氟铝酸钠、氟硅酸钠	剧毒、高毒、易药害
有机氯杀虫剂	DDT、六六六、林丹、艾氏剂、狄氏剂、五氯酚钠、氯丹、毒杀芬、硫丹	高残留
卤代烷类熏蒸杀虫剂	二溴乙烷、二溴氯丙烷	致癌、致畸
有机磷杀菌剂	稻瘟净、异稻瘟净	异臭味
氨基甲酸酯杀虫剂	克百威（呋喃丹）、涕灭威、灭多威	高毒

续表

农药种类	农药名称	禁用原因
二甲基甲脒类杀虫杀螨剂	杀虫脒	慢性毒性致癌
拟除虫菊酯类杀虫剂	所有拟除虫菊酯类杀虫剂	对鱼毒性大
取代苯类杀虫杀菌剂	五氯硝基苯、稻瘟醇（五氯苯 甲醇）、苯菌灵（苯莱特）	国外有致癌报道或二次药害
二苯醚类除草剂	除草醚、草枯醚	慢性毒性

A.2　无公害太湖糯稻谷生产常用农药品种见表 A.2。

表 A.2　无公害太湖糯稻谷生产常用农药品种

药剂名称	剂型	常用药量或稀释倍数	用药方法	安全间隔期
杀螟・乙蒜素	17% WP	200－300 倍	浸种	水稻种子处理 14 天
噻嗪酮	25% WP	40g/667m^2	喷雾	水稻移栽前 3 天
氯虫苯甲酰胺	20% EC	10mL/667m^2	喷雾	水稻移栽前 43 天
丙・苄	30% WP	80g/667m^2	喷雾	水稻移栽后 2 天～3 天
吡蚜酮	25% EC	30g/667m^2	喷雾	35 天
甲维・茚虫威	25% WG	10g/667m^2	喷雾	35 天
甲维盐	5.7% WP	25g/667m^2	喷雾	30 天
烯啶虫胺	50% SP	10g/667m^2	喷雾	14 天
井冈・己唑醇	11% WP	60g/667m^2	喷雾	14 天
烯啶虫胺	50% SP	10g/667m^2	喷雾	14 天
井冈霉素 A	24% AS	40mL/667m^2	喷雾	14 天
井・三环	20% SU	100mL/667m^2	喷雾	14 天
噻呋・戊唑醇	27% SU	20mL/667m^2	喷雾	14 天

ICS 65. 020. 20

B 05

DB 3205

苏州市农业地方标准

DB3205/T 088—2016

代替 DB3205/T 088—2005

鸭血糯稻谷生产技术规程

2016 - 12 - 31 发布　　　　2017 - 01 - 01 实施

苏州市质量技术监督局　发布

前　言

本标准根据《中华人民共和国标准化法》的要求，参考 NY/T 419—2014《绿色食品稻米》、NY/T 391—2013《绿色食品产地环境质量》进行制定，并结合苏州市实际情况进行了修订。

本标准按照 GB/T 1.1—2009 给出的规则编写。

本标准代替 DB3205/T 088—2005《鸭血糯稻谷生产技术规程》，主要变化如下：

—增删了部分主要起草人；

—按照国家新的标准更新了引用性文件；

—更改了计量单位，把公斤改为 kg；

—更新了农药，并更换了防治效果及用量、用途。

本标准由江苏省苏州市农业委员会提出。

本标准起草单位：常熟市农业科学研究所。

本标准主要起草人：端木银熙、朱正斌、赵品恒、季向东、陆建国、王雪刚、俞良、王小虎、丁颖、钟卫国、盛金元、李标、孙菊英。

本标准所代替的标准历次版本发布情况为：

—DB3205/T 088—2005。

鸭血糯稻谷生产技术规程

1　范围

本标准规定了鸭血糯稻谷生产技术规程的产地环境条件、农药使用准则、肥料使用准则、产量指标与产量结构、生育指标、栽培技术、脱粒、运输、包装及贮存等。

本标准适用于鸭血糯稻谷的生产。

2　规范性引用文件

下列文件中的条款通过本标准的引用而成为本标准的条款。凡是注日期的引用文件，其随后所有的修改单（不包括勘误的内容）或修订版均不适用于本标准，然而，鼓励根据本标准达成协议的各方研究是否可使用这些文件的最新版本。凡是不注日期的引用文件，其最新版本适用于本标准。

GB 1350—2009　稻谷

GB 4404. 1—2008　粮食作物种子第 1 部分：禾谷类

NY/T 391—2013　绿色食品产地环境质量

NY/T 393—2013　绿色食品农药使用准则

NY/T 394—2013　绿色食品肥料使用准则

NY/T 419—2014　绿色食品稻米

NY/T 5010—2016　无公害农产品种植业产地环境条件

NY/T 5117—2002　无公害食品水稻生产技术规程

3　产地环境要求

应符合 NY/T 5010—2016 无公害农产品种植业产地环境条件的规定。

4　农药使用准则

应符合 NY/T 393—2013 的规定。

5　肥料使用准则

应符合 NY/T 394—2013 的规定。

6　产量指标与产量结构

6.1　产量指标

每 667m² 产稻谷 325kg ~ 350kg。

6.2　产量结构

每 667m² 成穗 26 万 ~ 28 万穗，每穗总粒数 90 粒 ~ 100 粒，结实率 75% ~ 80%，千粒重 18g ~ 20g。

7　生育指标

7.1　秧苗

秧龄 20 天 ~ 25 天，叶龄 5 叶 ~ 6 叶，苗高 25cm ~ 30cm，基茎粗 0.4cm，单株带蘖 1 个 ~ 2 个。

7.2　大田群体指标

每 667m² 基本苗 10 万 ~ 12 万苗，高峰苗 35 万 ~ 38 万苗，成穗率 70% ~ 75%。

8　栽培技术

8.1　育秧

8.1.1　秧田准备

选择土壤肥沃、排灌方便的田块做秧田，冬前翻耕晒垡，5 月中旬整平土地做秧板，结合整地每 667m^2 施复合肥（$N-P_2O_5-K_2O=15-15-15$）20kg 加碳酸氢铵 20kg。秧大田比例为 1∶7～1∶8。

8.1.2　苗床制作

一般畦宽为 1.5m，畦沟宽为 20cm～30cm，沟深 20cm。按规格开沟作畦。畦面要精翻细耖，达到畦平泥熟。

8.1.3　种子处理

种子质量应符合 GB 4404.1—2008 的规定，晒种 1 天～2 天后进行种子处理，防治恶苗病、干尖线虫病，用 17%“杀螟·乙蒜素”可湿性粉剂 20g，兑水 5kg～6kg，浸稻种 3kg～4kg，浸种 48h，常温催芽，露白播种。

8.1.4　播量、播期

a）播量根据种子发芽率和秧大田比确定。每 667m^2 大田用种量在 4kg 左右，每 667m^2 秧田播种量在 30kg 左右。

b）播种期 6 月 5 日—10 日，按畦定量均匀播种，播后轻塌谷。

8.1.5　秧田管理

a）秧田在施用基肥的基础上，一叶一心期每 667m^2 施断奶肥尿素 5kg 左右，起秧前 2 天～3 天，每 667m^2 施尿素 5kg～7.5kg。

b）播种后至三叶前保持秧板湿润，晴天平沟水，阴天半沟水，雨天排干水，三叶后保持浅水层。

8.1.6　病虫草防治（除）

a）水稻秧田期用药。移栽前防治一代二化螟、三化螟，及一、二代灰飞虱，每 667m^2 用 50% 吡蚜酮水分散粒剂 10g 加 20%“阿维·二嗪磷”乳油 100g，兑水 40kg 小机喷雾或兑水 20kg 弥雾机弥雾。

b）秧田除草。主治单、双子叶杂草，在播种后 2 天～3 天内，每 667m^2 用

30%“苄嘧·丙草胺”可湿性粉剂100g兑水50kg小机喷雾。

8.2　大田栽培

8.2.1　耕翻施肥

前茬作物收获后及时耕翻晒垡。前茬麦油作物田，推广秸秆还田，每667m^2还田量在200kg左右。耕翻后每667m^2施碳酸氢铵40kg。旋耕后上水耙田平整待插秧。

8.2.2　大田移栽

a）移栽期在6月26日—30日，栽插时要求薄水现泥，淤土田要先沉实，切忌深水和深插，以秧苗第一叶露泥面为宜。

b）移栽规格：行距20cm，株距13cm，每667m^2栽2.5万穴，每穴4苗～5苗。

8.2.3　分蘖期管理

8.2.3.1　水浆管理

对秸秆还田较多的田块，在活棵后适当进行脱水1天～2天露田，以后灌浅水层。当每667m^2总茎蘖数达24万～26万苗时即脱水分次轻搁田，控制无效分蘖。

8.2.3.2　追肥

a）栽后5天～7天，每667m^2追施促蘖肥碳酸氢铵15kg～20kg。

b）7月中旬，每667m^2追施复合肥（$N-P_2O_5-K_2O=15-15-15$）10kg～15kg。

8.2.3.3　化学除草

栽后5天～7天，每667m^2用10%“丁·苄”300g结合施促蘖肥拌匀撒施。

8.2.3.4　防病治虫

7月20日左右，防治二代纵卷叶螟、白背飞虱、纹枯病，每667m^2用24%甲氧虫酰肼悬浮剂 20mL + 40% “敌百·毒死蜱”乳油 100g + 10% 嘧菌酯悬浮剂 75mL 兑水 50kg 小机喷雾或兑水 150kg 大机喷雾。

8.2.4　孕穗至齐穗期管理

8.2.4.1　水浆管理

幼穗分化期至齐穗期保持水层。

8.2.4.2　防病治虫

破口期重点防治稻瘟病、纹枯病、稻飞虱，每 667m^2 用 33% “阿维·抑食肼”可湿性粉剂 60g + 50% 烯啶虫胺可溶性粉剂 12g + 24% 噻呋酰胺悬浮剂 20mL 兑水小机喷雾。

8.2.5　灌浆至成熟期管理

8.2.5.1　水浆管理

齐穗后以湿为主湿润灌溉，收割前 3 天～5 天断水。

8.2.5.2　防病治虫

8 月下旬，防治纹枯病、三代纵卷叶螟、四代纵卷叶螟、褐飞虱，每 667m^2 用 12% “井冈·蛇床素”水剂 75mL + 40% “井冈·三环唑”可湿性粉剂 50g + 75% 三环唑水分散粒剂 20g + 3% 阿维菌素水乳剂 40mL 兑水 60kg 小机喷雾、兑水 150kg 大机喷雾。

8.2.5.3　适时收割

9 月中下旬当 80% 谷粒颖壳色泽由紫褐色变为浅紫色时即可收割。

9　脱粒、运输、包装及贮存

机械脱粒后及时自然晒干或低温烘干，稻谷、包装、运输及贮存应符合 GB 1350—2009 的规定。

ICS 65. 020. 20

B 05

DB 3205

苏州市农业地方标准

DB3205/T 106—2016

代替 DB3205/T 106—2006

稻麦二熟制保护性耕作技术规程

2016 - 12 - 31 发布　　2017 - 01 - 01 实施

苏州市质量技术监督局　发布

前 言

为提高土壤质量，防止土壤侵蚀，有效利用秸秆资源，减少土壤耕作强度，努力推进粮食生产向高产、高效、优质、安全、生态化方向发展，根据苏州市稻麦生产的实际情况，编制本标准。

本标准按照 GB/T 1.1—2009 给出的规则编写。

本标准由苏州市农业委员会提出。

本标准起草单位：苏州市农业科学院。

本标准主要起草人：沈明星、姚月明、陆长婴、吴彤东、刘凤军、王海候、沈晓萍。

本标准由苏州市农业科学院、太仓市农业机械技术推广站负责修订。

本标准主要修订人：沈明星、杨卫刚、陆长婴、金梅娟。

稻麦二熟制保护性耕作技术规程

1　范围

本标准规定了稻季保护性耕作技术、麦季保护性耕作技术、稻麦二熟制轮耕周期。

本标准适用于机械化种植水稻、小麦。

2　规范性引用文件

下列文件中的条款通过本标准的引用而成为本标准的条款。凡是注日期的引用文件，其随后所有的修改单（不包括勘误的内容）或修订版均不适用于本标准，然而，鼓励根据本标准达成协议的各方研究是否可使用这些文件的最新版本。凡是不注日期的引用文件，其最新版本适用于本标准。

GB 4401.1—2008　粮食作物种子第1部分：禾谷类

NY/T 496—2010　肥料使用准则通则

3　术语和定义

下列术语和定义适用于本文件。

3.1　保护性耕作

指在不影响作物产量的前提下，对农田实行免耕、少耕，尽可能减少土壤耕作，并用作物秸秆、根茬覆盖地表，减少土壤侵蚀，提高土壤肥力和抗旱能力的一项先进耕作技术。

3.2　稻麦复种连作

指在同一块地上连续2年或以上进行稻麦复种的种植体系。

3.3 秸秆全量还田

指除了稻麦籽粒外的100%植株部分直接归还于农田的秸秆利用方式。

3.4 泡田

指耕作前灌水浸没田面1天以上的土壤处理方式。

4 稻季保护性耕作技术

4.1 麦秸秆全量还田

小麦成熟期，采用带切碎装置的稻麦联合收割机收割小麦，留茬高度≤15cm，切碎匀抛麦秸秆，90%的麦秸秆长度<10cm。

4.2 机施基肥

小麦收割后，采用颗粒撒肥机，每667m^{2}机撒施5.0kg～7.5kg的46%尿素与25kg～30kg的45%复合肥，有条件的经营主体采用厩肥抛撒机，机抛有机肥。

4.3 土壤耕作

4.3.1 泡田

泡田前，辅以人工，将少量堆积麦秸秆均匀挑撒于田面，并灌水（以麦墒脊露出水面≤3cm），连续浸泡1天～3天。

4.3.2 耕作

秸秆全量还田与上水旋耕时，以机械作业不起浪为准，水深1cm～2cm，选用大、中型拖拉机旋耕作业，宜采用正旋秸秆还田机或反转灭茬机。旋耕深度12cm～18cm，耕深稳定性≥90%，耕后田面平整度≤5cm。

4.3.3 水稻播栽

平田后，水稻可实行机插秧、机直播等，秧田期、本田期管理应按照不同播栽方式的水稻栽培技术要求进行。

5　麦季保护性耕作技术

5.1　稻田开沟

从水稻搁田控苗始，开出围田沟和中心沟，待稻板较硬时，加深中心沟，沟深≥15cm。

5.2　稻秸秆全量还田

水稻成熟期，采用带切碎装置的稻麦联合收割机收割水稻，留茬高度≤15cm，机械切碎匀抛稻秸秆，90%的稻秸秆长度<10cm。提倡稻秸秆粉碎还田，水稻收割留茬高度25cm左右，采用秸秆粉碎机进行粉碎灭茬作业。

5.3　机施基肥

采用颗粒肥撒肥机，每667m^2机撒施8kg～10kg的46%尿素与25kg～30kg的45%复合肥，有条件的经营主体采用厩肥抛撒机，机施有机肥。

5.4　耕作播种

采用旋耕施肥播种复式作业机，进行小麦机条播，播后机开沟；或采用颗粒撒肥机，进行小麦机撒播，播后旋耕开沟复式机作业或机开沟。

5.5　麦田管理

分别按照适播、晚播小麦高产栽培技术要求，进行麦田管理。

6　稻麦二熟制轮耕周期

稻麦二熟以麦季免耕、稻季秸秆全量还田与上水旋耕为基本土壤耕作模式，当7cm～14cm土层的土壤自然容重超过1.4g/cm^3时，稻季实行深耕。在二季秸秆全量还田条件下，结合增施有机肥，每2年～3年稻季深耕1次。深耕作业采用多铧犁或犁旋一体复式机，耕深>18cm。

ICS 65. 020. 20
B 05

DB 3205

苏州市农业地方标准

DB3205/T 128—2016
代替 DB3205/T 128—2007

机插杂粳水稻高产栽培技术规程

2016-12-31 发布　　2017-01-01 实施

苏州市质量技术监督局 发布

前　言

本标准按 GB/T 1. 1—2009《标准化工作导则　第 1 部分：标准的结构和编写规则》的规定编写。

本标准由苏州市农业委员会提出。

本标准起草单位：苏州市农业科学院。

本标准主要起草人：姚月明、陆长婴、沈明星、王海候、吴彤东、刘凤军、沈晓萍。

本标准主要修订人：陆长婴、王海候、沈明星。

机插杂粳水稻高产栽培技术规程

1　范围

本标准规定了每 667m^2 籽粒产量 700kg 以上机插杂交粳稻的适宜品种、产量结构指标、育秧方式及大田栽培技术等。

本标准适用于太湖地区机插杂交粳稻的生产，生态条件相近的稻区可参照使用。

2　规范性引用文件

下列文件中的条款通过本标准的引用而成为本标准的条款。凡是注日期的引用文件，其随后所有的修改单（不包括勘误的内容）或修订版均不适用于本标准，然而，鼓励根据本标准达成协议的各方研究是否可使用这些文件的最新版本。凡是不注日期的引用文件，其最新版本适用于本标准。

GB/T 3543. 4—1995　农作物种子检验规程发芽试验

GB 4401. 1—2008　粮食作物种子第 1 部分：禾谷类

DB3205/T 212—2014　水稻工厂化基质育秧技术规程

3　品种

选择耐肥抗倒、分蘖中等、穗大粒多、千粒重较高、抗病性较强、品质优良、省级及以上审定并适宜本区种植的高产稳产杂交粳稻品种。

4　产量结构指标

每 667m^2 成穗数 17 万～19 万，每穗总粒数 180 粒～200 粒，结实率 80% 以上，千粒重 26.5g 以上。

5 育秧

有育秧工厂设施的地区可采用工厂化基质育秧，其他地区可采用塑盘露地育秧。

5.1 工厂化基质育秧

5.1.1 壮秧指标

秧龄 12 天～14 天，叶龄 2.0 叶～2.5 叶，苗高 12cm ～ 17cm。平均每 1cm^2 成苗数 1.2 株～1.5 株。秧苗均匀整齐。单株秧苗根数不少于 5 条。根系盘结好，秧块提起不散，不断裂。

5.1.2 育秧技术

5.1.2.1 总则

参照 DB3205/T 212—2014 水稻工厂化基质育秧技术规程中有关杂交粳稻育秧的相关要求进行工厂化基质育秧。修订的技术参数有：播种量控制在盘播芽谷 100g ～ 120g；秧盘内底部基质厚度控制在 2.5cm ～ 2.7cm。运盘上架前增加暗化出苗环节。

5.1.2.2 整齐叠盘

利用平板运秧车将播种好的秧盘快速推运至室内，整齐叠放，每叠 40 盘左右，顶部放一只空盘封顶。秧盘的排放做到垂直、整齐，盘堆大小适中。

5.1.2.3 封闭暗化

堆完以后，顶部和四周用遮阳网封闭，确保保温保湿不见光，防止盘间温湿度不一致，影响出苗整齐。

5.1.2.4 摆盘绿化

一般 2 天～3 天后，秧盘中 80% 胚芽鞘露出表层 1.0cm 时，暗化结束。将秧盘移至秧田，整齐摆放于秧板上，做到左右对直，上下水平。要注意摆盘时间：晴天应在下午3时半之后，阴雨天全天均可摆盘。

5.2　塑盘（硬盘）露地育秧

5.2.1　壮秧指标

秧龄15天～20天，株高15cm～18cm，叶龄3.5叶～3.8叶，苗基部茎宽≥2mm，单株白根数10条以上，地上百株干重≥2.0g，根系盘结好，秧块提起不散，不断裂。

5.2.2　播前准备

5.2.2.1　塑盘（硬盘）准备

每667m^2大田应备规格为58cm×28cm的塑盘（硬盘）20张～22张。

5.2.2.2　种子准备

种子质量应符合GB 4404.1—2008规定，晒种1天～2天后进行种子处理，用17%"杀螟丹·乙蒜素"可湿性粉剂20g加25%吡虫啉可湿性粉剂4g兑水5kg，浸3kg～4kg种子。浸种48h，常温催芽。

5.2.2.3　床土准备

选择肥沃疏松、无硬杂质、杂草及病菌少的土壤（如菜园土、耕作熟化的旱田土等）。晴好天气及土堆水分适宜时（含水率10%～15%，细土手捏成团，落地即散）进行过筛，要求细土粒径≤5mm。每667m^2大田备营养细土100kg作床土，另备过筛细土25kg作覆盖土，每100kg细土拌入1kg壮秧剂。

5.2.2.4　秧板制作

选择地势平坦、灌溉便利、便于管理的田块做秧床，按秧大田比例1∶100留足秧田。播种前10天～15天精做秧板，秧板宽1.4m，秧沟宽0.25m，秧沟深0.15m。板面平整光滑，秧田块高低差不超过2.0cm，秧板高低误差应不超过1.0cm。

5.2.3　播种

5.2.3.1　播种期

根据不同育秧方式及前茬作物腾茬时间合理确定播种期，一般播期在5月22日—30日。

5.2.3.2　补水保墒

播种前1天，灌平沟水，待床土充分吸湿后迅速排水，亦可在播种前直接用喷壶洒水，要求播种时土壤饱和含水率达85%～90%。

5.2.3.3　流水线播种

采用机械化流水线播种，一次性完成秧盘输送、铺土、喷水、播种、覆土等作业过程。播前用20张～30张空盘试播，调节至盘播芽谷100g～120g，覆土厚度为0.3cm～0.5cm，以盖没芽谷为宜。

5.2.3.4　平铺秧盘

将播种好的秧盘平铺于秧板上，每块秧板横排两行，依次平铺，紧密整齐，盘底与床面紧密贴合。

5.2.3.5　覆盖无纺布

将无纺布均匀覆盖，然后取秧田土块将其四周压实；待齐苗后（苗高约2cm）松去四周压实土块，使无纺布松动自如。移栽前3天～5天揭盖炼苗。

5.2.4　水浆管理

保持床土湿润，移栽前2天～3天排水，控湿炼苗。

5.2.5　施送嫁肥

移栽前3天～4天，视苗情长势施好送嫁肥，一般每667m^{2}用尿素8kg～10kg。

5.2.6　喷起身药

移栽前1天～2天，每667m^2秧田用40%“氯虫·噻虫嗪”水分散粒剂10g＋32.5%“嘧菌酯·苯醚甲环唑”悬浮剂40mL，兑水30kg～40kg小机喷雾，防治螟虫、稻蓟马、灰飞虱、苗稻瘟病等病虫害。

6　大田栽培

6.1　整地施肥

整地前一般每667m^2施基肥42%稼朋水稻专用测土配方肥（N：P_2O_5：K_2O＝20：8：14）30kg，地力差的田块推荐每667m^2增施有机肥1000kg。整地做到平整、洁净、细碎、沉实。

6.2　栽期与密度

移栽期在6月10日左右；株距14cm～16cm，栽插密度每667m^2穴数1.3万～1.6万；平均每穴2苗～3苗；每667m^2基本苗3.0万～4.5万。

6.3　栽秧

移栽秧苗不漂、不倒，栽插深度1.5cm～2.0cm，田间缺棵率达3%～5%时，应及时进行人工补苗。

6.4　分蘖期、拔节期管理

6.4.1　水浆管理

机插结束后及时浅水护苗，活棵后适当脱水露田1次～2次，浅水勤灌促早发，总苗数达到预定穗数苗的80%时开始分次轻搁，控制无效分蘖。

6.4.2　追肥

分蘖肥于栽后2天～4天、12天之前每667m^2分别施尿素7kg～8kg；7月25日左右每667m^2施42%“稼朋”水稻专用测土配方肥（N：P_2O_5：K_2O＝20：8：14）

20kg，8月初每667m² 看苗增施氯化钾7.5kg～10.0kg。

6.4.3 化学除草

栽后3天～5天，结合施分蘖肥进行化学除草，每667m² 用尿素7kg～8kg拌10%的“丁·苄”MG0.5kg撒施，并保持水层3天～4天。

6.4.4 防病治虫

6.4.4.1 分蘖期7月中旬主治二代纵卷叶螟、纹枯病，每667m² 用25%“甲维·茚虫威”水分散粒剂10g+30%“苯甲·丙环唑”悬浮剂30mL，兑水40kg～50kg自走式植保机械喷细雾防治。

6.4.4.2 拔节期8月上中旬主治三代纵卷叶螟、纹枯病，兼治二代褐飞虱，每667m² 采用60%烯啶虫胺可湿性粉剂10g+3%阿维菌素水乳剂40mL+27%“噻呋·戊唑醇”悬浮剂25mL，兑水50kg～60kg自走式植保机械喷细雾防治。

6.5 孕穗期、抽穗期管理

6.5.1 水浆管理

后期间隙灌溉，搁田复水后，坚持干干湿湿，待沟内水自然落干后再上新水。

6.5.2 防病治虫

6.5.2.1 孕穗期8月下旬主治三代褐飞虱、三代纵卷叶螟和纹枯病，每667m² 采用25%吡蚜酮悬浮剂20g+6%“甲维·氯苯酰”悬浮剂50mL+27%“噻呋·戊唑醇”悬浮剂25mL，兑水50kg～60kg自走式植保机械喷细雾防治。

6.5.2.2 抽穗期9月上旬破口期主治水稻穗颈病、稻曲病，兼治四代纵卷叶螟、四代褐飞虱，每667m² 采用75%三环唑水分散粒剂30g+3%阿维菌素水乳剂40mL+60%烯啶虫胺可溶粒剂10g+12%“井冈·蛇床素”水剂50mL+12.5%氟环唑悬浮剂45mL，兑水50kg～60kg自走式植保机械喷细雾防治。

6.5.2.3 破口期破口药后10天～15天，根据田间水稻稻瘟病及褐飞虱发生情况，确定是否用药防治。若需防治，每 667m^2 可采用 20% 稻瘟酰胺悬浮剂 100mL + 20% 噻虫胺悬浮剂 50mL + 24% 井冈霉素 A 水剂 40mL，兑水 50kg ~ 60kg 自走式植保机械喷细雾防治。

6.6 成熟期管理

6.6.1 水浆管理

防止后期脱水过早，收割前 7 天断水。

6.6.2 收割

籽粒黄熟后即可收割。

ICS 65. 020. 20
B 05

DB 3205

苏州市农业地方标准

DB3205/T 151—2016
代替 DB3205/T 151—2008

单季晚粳稻田氮磷面源污染控制技术规范

2016－12－31 发布　　2017－01－01 实施

苏州市质量技术监督局　发布

前　言

为构建苏南太湖地区水环境保护型稻作技术体系，减少河网平原区稻田水土流失，控制稻田氮磷非点源污染，有效稳定稻谷单产水平，努力推进水稻生产向持续稳定和资源节约、环境友好相协调的方向发展，根据苏州市水稻生产的实际情况，编制了本标准。

本标准按照 GB/T 1.1—2009 给出的规则编写。

本标准由苏州市农业委员会提出。

本标准起草单位：苏州市农业科学院负责。

本标准主要起草人：沈明星、陈凤生、施林林、吴彤东、王海候、陆长婴、宋浩、姚月明。

本标准主要修订人：沈明星、金梅娟、陆长婴、周新伟。

单季晚粳稻田氮磷面源污染控制技术规范

1　范围

本标准规定了能显著控制单季晚粳稻田氮磷面源污染的术语和定义、田间工程、水稻种植、浅湿调控灌溉和肥料管理。

本标准适用于单季晚粳水稻生产的氮磷面源污染控制。

2　规范性引用文件

下列文件中的条款通过本标准的引用而成为本标准的条款。凡是注日期的引用文件，其随后所有的修改单（不包括勘误的内容）或修订版均不适用于本标准，然而，鼓励根据本标准达成协议的各方研究是否可使用这些文件的最新版本。凡是不注日期的引用文件，其最新版本适用于本标准。

NY/T 496—2010 肥料使用准则通则

3　术语和定义

下列术语和定义适用于本文件。

3.1　*面源污染*

指有害物质以降水、径流、渗透、排水、渗流、水利修复或者大气沉降等广域的、分散的、微量的形式进入地表及地下水体而形成的污染，又称“非点源污染（Nonpoint Source Pollution，NPS）”。

3.2　*保护性耕作*

在不影响作物产量的前提下，对农田实行免耕、少耕，尽可能减少土壤耕作，并用作物秸秆、根茬覆盖地表，提高土壤肥力和减少土壤侵蚀的一项先进耕作技术。

3.3　浅湿调控灌溉

根据水稻的需水特性和生长发育规律，以控制稻田田面水层的上限和水稻根系层土壤水分的下限为手段，实行“后水不见前水，充分利用雨水、按指标灌排水”的水稻各生育阶段的灌溉。

4　田间工程

4.1　田块整治

田块宜长度 80m ~ 100m，宽度 13m 以上。田埂高度 25cm ~ 30cm，无漏水洞和过水低洼处。结合土地整理，挑高填低，保持田面高低落差不超过 15mm。

4.2　灌排渠布局

灌排渠分置田块两头，渠埂高出田埂 25cm ~ 30cm，无漏水洞和过水低洼处。排水渠宜采用生态拦截沟渠；采用混凝土板或空心块衬砌的排水沟，提倡在沟渠里布设不随水流动、固定式毯状连接的空心菜等漂浮植物浮岛；进水渠宜采用混凝土板、空心块衬砌和混凝土暗管埋入地下。

4.3　促沉池设置

4.3.1　建造位置

建址应在农田排水沟渠的排水口与农田周边排水汇水区的连接处。

4.3.2　配置数量

每 667m^2 稻田面积安装单体有效容积≥4m^3 的促沉池 2 套~ 3 套。

4.3.3　形状与构造

促沉池的形状可分为半圆柱形、长方体形以及正方体形等，具体形状须根据农田排水与汇水连接处的实际地形进行设计。

促沉池主要分为初沉室与主沉室，初沉室外壁采用两路管道或穿孔进水，后接穿孔布水管（PVC 材质，中间剖开为二，管壁穿孔，均匀分布），布水管下（初沉室）装填粒径较大砾石或生物质炭（粒径为 2cm ～ 4cm），建议采用渔网包石或炭堆积处理，此室为下行流，初沉室内壁（即主沉室外壁）底部向上预留正方形二次布水孔，沿弯壁均匀分布；主沉室装填较小砾石或生物质炭（粒径约为 2cm，方法同上），此室为上行流，直壁上沿中线开孔出水，出水进入农田排水汇水区。具体结构以半圆柱型促沉池为例，见图 1。如填料为纯生物质炭，初沉池与主沉池上面须加钢筋栅栏防浮。

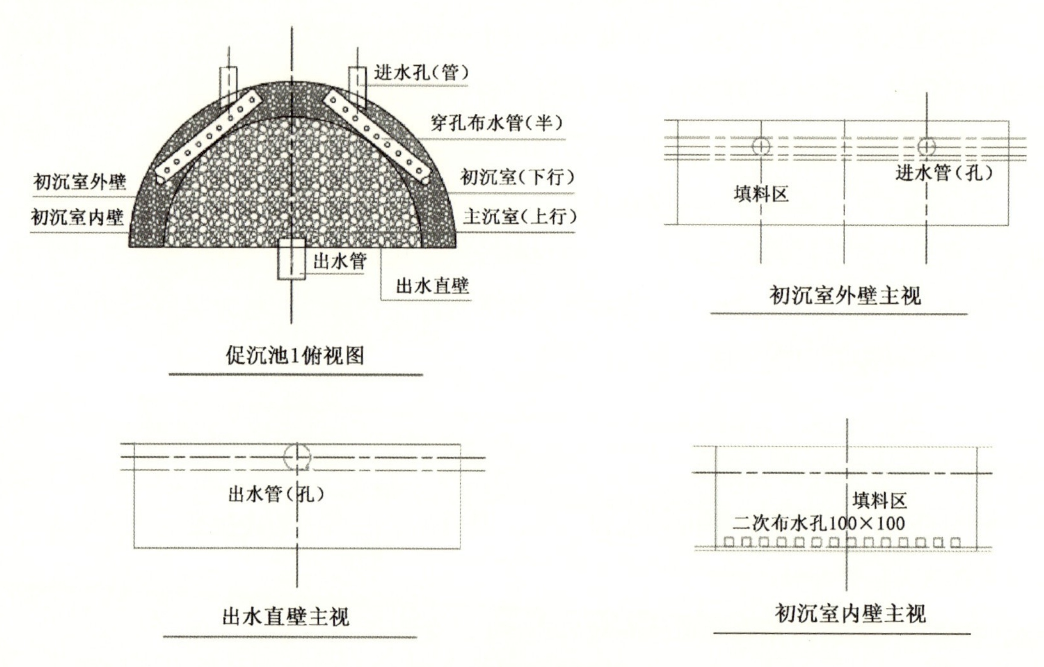

图 1　半圆柱型促沉池

4.4　保护性耕作

4.4.1　秸秆还田

前茬为小麦时，采用履带式全喂入或半喂入带切碎装置的稻麦联合收割机收割小麦，离地5cm～10cm处收割小麦，机械切碎麦草，90%的麦秸长度小于10cm。泡田前，人工将麦草均匀挑撒于田面。前茬为油菜时，泡田前，人工将油菜荚壳等废弃物均匀挑撒于田。

4.4.2 土壤耕作

灌水（以麦垅脊露出水面为宜），连续浸泡2天～3天。带水旋耕时，水深以3cm为宜，选用中型拖拉机或改进型手扶拖拉机旋耕作业，宜采用水田耕整埋草（茬）机。旋耕深度10cm～12cm，耕深稳定性≥90%，耕后田面平整度≤20mm。

5 水稻种植

5.1 品种选择

以氮素高效利用型的优良食味晚粳为宜。

5.2 目标产量

目标产量为600kg/667m^2～650kg/667m^2。

5.3 水稻播栽

平田后，水稻播栽可实行机插、手插等，秧田期、本田期管理应依照不同栽植方式的水稻栽培技术要求进行。播栽密度超正常密度的15%～20%。

5.4 功能区布局

沿排水沟侧的稻田向内纵伸设置长度为3m且不施任何肥料（包括泡田前禁施肥料）的水稻人工湿地功能区，稻田的其余部分为水稻常规生产功能区。鼓励稻田内放养浮萍类生物与水稻混作。

6 浅湿调控灌溉

6.1 移栽期

保持水层，水分指标：下限为田面水深度10mm、上限为田面水深度25mm，雨水最高蓄积深度为40mm。

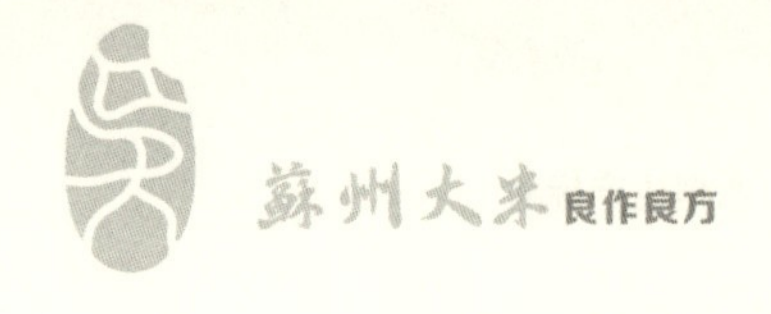

6.2　返青期

保持水层，水分指标：下限为田面水深度5mm、上限为田面水深度25mm，雨水最高蓄积深度为40mm。

6.3　分蘖期

分蘖前期（茎蘖数未达到预期穗数的80%时），浅水勤灌，水分指标：下限为水稻根系层土壤含水率80%～90%、上限为田面水深度20mm；分蘖后期（茎蘖数达到预期穗数的80%时），断水搁田，水分指标：下限为水稻根系层土壤含水率60%、上限为田面无水层；搁田始期开出丰产沟（围田沟和中心沟），沟深均为10cm～15cm，待稻板较硬时，加深中心沟，沟深≥15cm。

6.4　拔节孕穗期

浅湿调控，每次灌浅水后待丰产沟底无水后再复灌，周而复始，水分指标：下限为水稻根系层土壤含水率80%、上限为田面水深度20mm。

6.5　抽穗扬花期

保持水层，水分指标：下限为田面水深度5mm、上限为田面水深度20mm。

6.6　乳熟期

湿润灌溉，每次灌浅水后待丰产沟底无水后再复灌，周而复始，直至收获前一周。水分指标：下限为水稻根系层土壤含水率80%、上限为田面水深度20mm、雨水最高蓄积深度为80mm。

6.7　黄熟期

自然落干，水分指标：下限为水稻根系层土壤含水率60%、上限为田面水深度0mm。

6.8　排水控制

水稻各生育阶段，密切注意天气预报，持续降雨前可预先排水，并掌握在施肥

7 天后为宜。禁止追肥期与持续降雨期同步。

7　肥料管理

7.1　总则

应符合 NY/T 496—2010 要求。

7.2　肥料种类

氮肥以尿素为主体，包含各类缓释肥和商品有机肥，禁施碳铵。

7.3　肥料用量

中等肥力的稻田，黏性土壤的氮肥如尿素用量为每 667m^2 20kg ~ 30kg；沙性土壤的氮肥如尿素用量为每 667m^2 28kg ~ 35kg；如土壤基础肥力较高，则减少用量，反之亦然；长期施磷肥、复合肥或有机肥的田块，禁施化学磷肥；钾肥如氯化钾每 667m^2 用量为 9.5kg ~ 11.5kg。

土壤磷素亏缺的田块，每 667m^2 施 45% 的三元复合肥 4.9kg ~ 9.8kg，基肥中的尿素每 667m^2 减施 4.9kg ~ 9.8kg，氯化钾每 667m^2 减施 3.75kg ~ 7.5kg。

宜有机无机氮肥配合施用，有机氮占总氮比例以 50% 为宜。

7.4　肥料运筹

氮肥运筹为基蘖肥：穗肥为 5∶5，其中基蘖肥中，基肥与分蘖肥比为 8∶2；穗肥分两次施用，分别为倒 4 叶期（占 60%），倒 3 叶期（40%），穗肥使用时应作苗情诊断，并依苗情作必要的调整。磷肥 100% 基施。钾肥 50% 基施，50% 结合促花肥倒 4 叶～倒 3 叶追施。

7.5　肥料方法

基肥于上水泡田前，撒施复合肥（以磷素为基准量）、尿素、氯化钾和商品有机肥。分蘖肥结合除草剂撒施。穗肥于田间无水层、土壤湿润时撒施。

ICS 65.020.20

B 05

DB 3205

苏州市农业地方标准

DB3205/T 153—2016

代替 DB3205/T 153—2008

早熟晚粳不育系武运粳7号A繁种生产技术操作规程

2016-12-31 发布　　2017-01-01 实施

苏州市质量技术监督局　发布

前 言

本标准根据《中华人民共和国标准化法》《中华人民共和国种子法》的要求制定。

本标准按照 GB/T 1.1—2009 给出的规则起草。

本标准代替 DB3205/T 153—2008《早熟晚粳不育系武运粳 7 号 A 繁种生产技术操作规程》，主要变化如下：

—增删了部分主要起草人；

—按照国家新的标准更新了引用性文件；

—修改原原种为育种家种子；

—更改了计量单位，把公斤改为 kg；

—更新了农药，并更换了防治效果及用量、用途。

本标准附录 A 为规范性附录。

本标准由苏州市农业委员会提出。

本标准起草单位：常熟市农业科学研究所、苏州市种子管理站。

本标准主要起草人：端木银熙、林一波、王雪刚、周建明、何建华、陆建国、苏月红、赵品恒、俞良、王小虎、钟卫国、李标、孙菊英。

本标准所代替的标准历次版本发布情况为：

—DB3205/T 153—2008。

早熟晚粳不育系武运粳7号A繁种生产技术操作规程

1 范围

本标准规定了不育系武运粳7号A繁种的定义和术语，育种家种子生产中单株选择、成对回交、株系比较、建立株系循环的保种圃，原种生产中单株选择、株行（系）鉴定、原种生产操作技术规范。

本规程适用于粳型杂交水稻BT型武运粳7号A及其保持系育种家种子生产、原种生产。

2 规范性引用文件

下列文件中的条款通过本标准的引用而成为本标准的条款。凡是注日期的引用文件，其随后所有的修改单（不包括勘误的内容）或修订版均不适用于本标准，然而，鼓励根据本标准达成协议的各方研究是否可使用这些文件的最新版本。凡是不注日期的引用文件，其最新版本适用于本标准。

GB/T 3543.(3～7)—1995　农作物种子检验规程

GB 4404.1—2008　粮食作物种子　第1部分：禾谷类

NY/T 393—2013　绿色食品　农药使用准则

3 术语和定义

下列术语和定义适用于本文件。

3.1　不育系

雌蕊正常而雄蕊花粉败育，不能自交结实，育性受遗传基因控制。通常用A表示。

3.2　保持系

雌雄蕊发育正常，能自交结实，给不育系授粉后能够结实，但其后代仍能具有不育特性。通常用B表示。

3.3　恢复系

雌雄蕊发育正常，授粉不育系所产生的杂种一代育性恢复正常，能自交结实，具有较强的优势。通常用R表示。

3.4　繁殖

不育系由保持系授粉结实而繁衍种子，保持系和恢复系自交结实，统称为“三系”繁殖。

4　育种家种子生产

4.1　生产方法分类

采用人工回交株系循环法：

a）保持系经单株选择、成对测交、株系比较、建立保持系株系循环的保种圃；

b）不育系经成对测交，株行比较，株行内成对测交，建立不育系株系循环的保种圃，保种圃中的株系种子来自上一年株系内的人工回交，不育系株系父本是保持系保种圃中的株系；

c）不育系保种圃中的不育系混系种子作为育种家种子繁殖不育系原种。

4.2　亲本选择原则

在育性、保持力、恢复度稳定的基础上，以典型性、一致性为选择依据的重点。以田间选择为主，室内考种为辅，并综合评定决选。

4.3　隔离

不育系与异品种最好自然隔离。如为时间隔离，花期错开 25 天以上。如为空间隔离，距离 700m 以上；保持系与异品种距离不少于 20m。并严禁周围（500m 以内）种植籼、糯稻品种。

4.4　程序

建立不育系保种圃一般先从单株选择\ 成对测交开始，A、B 抽穗后，选择典型株，人工剪颖时注意花药的形态及散粉性，成对测交 100 株，每株剪颖穗 2 个，加一个保持系穗子，套在一个袋内，在同一株上再套一个不剪颖的穗子检查套袋自交结实情况，授粉后 A、B 一一对应编号挂牌，收获时套袋结实为零的单株回交的穗收获，否则淘汰；第二年分别播种上年测交的 A 和 B 共 100 个单株，凡表现一致符合不育系典型性状的株行，并且对应的保持系株行表现整齐典型的，保留 30 个株行（不育系和保持系各 30 个），在不育系行内继续人工回交，在每个株行内选 5 个单株，每个单株套一穗检查结实情况，剪 2 穗套袋，人工回交；第三年 A 和 B 进入株系循环阶段，A 的保种圃的株系种子仍然需人工回交而来，B 种子采用保持系保种圃中的混系种子。

5　原种生产

5.1　生产方法分类

采用改良混合选择法，即单株选择（选种圃）、株行比较（株行圃）、株系鉴定（株系圃）、混优系繁殖（原种圃），简称“一选三圃法”。

5.2　基地选择

选择隔离条件优越（同 4.3）、集中连片的田块。

5.3　保持系原种生产方法

5.3.1　单株选择

5.3.1.1　种子来源

不育系、保持系的保种圃。

5.3.1.2　种植方式

稀播匀播，单株栽植，采用优良栽培技术。

5.3.1.3　选择标准

当选单株下列性状必须符合原品种特征特性：全生育期145天和叶片数18张～19张；分蘖性强，长势、长相；抗病性强、异交结实率不低于35%。

5.3.1.4　选择时期和数量

分四次进行。分蘖期以株型、叶鞘颜色、分蘖多少为目标，初选500株（插杆为记）。抽穗期以主穗分蘖穗抽穗快慢和一致性，选留300株。成熟期以穗长、结实率、粒型、成熟度整齐一致和抗病性，定选200株。然后，室内考种，综合评选100株，将当选的单株单收、编号登记、装袋、保存。

5.3.2　株行圃

5.3.2.1　种子来源

上季当选的单株。

5.3.2.2　种植方式

取各单株（含对照采用同品种原种）的等量种子，同时分别播种育秧，各单株播种面积一致。本田分行单本栽插，按编号顺序排列，不设重复，逢十设对照，行区间留走道。

5.3.2.3　观察记载

对群体的典型性、一致性、抗逆性和生育期、开花习性进行观察记载。详见附录 A。

每株行同位定点观察 10 株，标记叶龄，对各株行的特征特性分期考查。分蘖期观察繁茂性和一致性、叶鞘颜色、分蘖力的强弱；抽穗期观察抽穗快慢、剑叶的长宽、花药大小和散粉情况；成熟期观察株高整齐度、籽粒形状、芒的有无、稃尖颜色、成穗数、成穗率和籽粒饱满度等。成熟后全部取回按单株考种项目，考查其经济性状。

5.3.2.4　取舍原则

a）凡株、叶、穗、粒四型及主茎叶片数、芒的有无、稃尖、叶鞘颜色等不符合原品种特征的株行，全区淘汰；抽穗前一个株行发现一株异株，全行淘汰。

b）田间淘汰长势长相不一致、生长不整齐的株行，抽穗期、成熟期超过 ±1 天，予以淘汰。

c）经济性状选留标准略高于平均数。

d）综合评选，株行圃当选率一般为 30%。

5.3.2.5　收获储藏

当选单株单收、单脱、单晒、单储、编号登记。

5.3.3　株系圃

5.3.3.1　种子来源

上年当选的株系种子。

5.3.3.2　田间设计

本田采用顺序排列，分系插等量面积，以同一品种插植一定面积作对照，剔除误选的可能。

5.3.3.3　观察记载和选择标准

定点观察 10 株，各生育阶段增记田间杂株率，系中见杂株，全系淘汰。

5.3.3.4 综合评选

通过田间目测与产量测定，综合评选优良株系，当选率50%。

5.3.4 原种圃

5.3.4.1 种子来源

上年当选的株系种子。

5.3.4.2 种植方式

采取单本插栽，精细管理，提高繁殖系数。

5.3.4.3 定原种

符合 GB 4404.1—2008 要求的种子定为原种。

5.4 不育系原种生产

5.4.1 单株选种区

5.4.1.1 种子来源

用保种圃种子。

5.4.1.2 种植方式

选种区单本稀植，父母本行比为1∶4，精细培管，不割叶，不剥苞、不喷生长激素，抽穗扬花时赶粉。

5.4.1.3 选择标准

当选不育系单株选择标准在与相应保持系选择标准相同的前提下，以原不育系的不育性、开花习性为选择依据的重点。

5.4.1.4 育性检验

始穗期对初选合格单株逐株镜检，根据附录 A（标准的附录）的标准和方法。淘汰有可育花粉及染败的单株。

5.4.1.5　开花习性

见附录 A，根据不育系原有的开花习性而定。

5.4.1.6　选择时期和数量

选择步骤同 5.3.1.4，始穗期观察全区每株花药，拔除有粉型的单株，再根据镜检复选。田间选择数量不少于 200 株，决选不少于 50 株。

5.4.1.7　收获储藏

将当选不育系单株单收、单脱、单储、登记编号备用。

5.4.2　株行圃

5.4.2.1　种子来源

用上年当选的单株种子。

5.4.2.2　种植方式

按父母本播插期分别播种育秧，分行种植，父母本行比为 1∶6，父母本间距为 20cm～25cm，区间走道 50cm，顺序排列，不设重复和对照，不用生长激素，不割叶，进行典型性比较，及时赶粉，提高结实率。

5.4.2.3　观察记载及选择标准

同 5.3.2.3。

5.4.2.4　育性标准及育性检验

同 5.4.1.4。育性检查采取目测与镜检及套袋自交相结合的方法，在花期每株行镜检 20% 的不育系（株）率，并逐株目测花粉形态和颜色，出现一株变异株，即全行淘汰。

5.4.2.5　开花习性

同 5.4.1.5。

5.4.2.6 株行决选

在定点观察、育性鉴定和镜检等项目的基础上重点选择典型性、一致性、异交结实率高的株行。株行当选率30%。

5.4.2.7 收获

授粉结束后先收获保持系，防杂保纯。当选株行分别单收、单脱、单晒、单储、编号登记保存。

5.4.3 株系圃

5.4.3.1 种子来源

上年当选的株行不育系种子，父本用干储的混优保持系或相同的株行圃种子。

5.4.3.2 种植方式

每株系（含对照采用同品种的原种）插等面积，顺序分系栽插，父母本行比1∶6，逢10设对照，周围插父本作保护行。

5.4.3.3 观察记载项目、标准

同5.4.2.3。

分系五点取样20株镜检花粉。增记田间纯度，调查记载杂株率。发现变异株的，淘汰全部株系。

5.4.3.4 测产

在相同栽培条件下，再次比较鉴定其优劣，进行测产。

5.4.3.5 育性鉴定

同5.4.1.4。每株系在始穗期（未开花）套袋不少于50个，并同步按测恢、自交结实情况，作为育性取舍依据。

5.4.3.6 当选标准

根据观察记载、目测、镜检、测产情况、综合评选优系，当选率50%。

5.4.3.7　收获

成熟时先收获淘汰的株系，后混收当选的株系。

5.4.4　原种圃

5.4.4.1　种子来源

上年当选不育系株系经海南纯度鉴定未出现杂株及A/R（F1）各项性状优良混合种子，对应保持系混优群体种子。

5.4.4.2　种植方式

严格隔离，按父母本播种差期分别播种育秧。行比2∶6，间隔分行单株插植。

5.4.4.3　定原种

授粉结束后先收获父本，经田间和室内检验、原种比较试验，符合GB 4404.1—2008原种标准者定为原种。

6　优质高产繁种指标

6.1　质量

通过人工授粉，收获的种子质量达到GB 4404.1—2008中规定的标准。

6.2　产量与构成因素

每667m^{2}收获母本（杂交F1代种子）150kg以上，产量构成指标为：每667m^{2}有效穗数15万～16万，每穗总粒数105粒～110粒，异交结实率36%以上，千粒重27.0g～28.0g。

7　繁种技术

7.1　亲本选用

不育系武运粳7号A与保持系武运粳7号B。种子质量执行GB 4404.1—2008。

7.2　育秧

7.2.1　秧田准备

同大田。

7.2.2　苗床制作

同大田。

7.2.3　种子处理

晒种1天～2天后用17%“杀螟·乙蒜素”可湿性粉剂20g，兑水5kg～6kg，浸种48h～60h，再用清水漂洗后，常温催芽，露白播种。

7.2.4　播期与播量

每667m^2用种量母本为2.0kg，父本为0.6kg（其中第一期父本0.25kg，第二期父本0.35kg）。父本采取分期播种，第一期父本播期5月22日—24日，每667m^2秧田播量为15kg；第二期父本播期5月28日—30日，每667m^2秧田播量为25kg；母本播期5月22日—24日，每667m^2秧田播量为20kg～25kg。按畦定量均匀播种，播后用木板塌谷盖没。

7.2.5　秧田管理

同大田。

7.2.6　病虫防治

执行NY/T 393—2013中的8.1，重点对灰飞虱防治，用50%吡蚜酮水分散粒剂10g+20%“阿维·二嗪磷”乳油100g，兑水40kg小机喷雾或兑水20kg弥雾机弥雾。

7.2.7　秧田除草

执行NY/T 393—2013中8.1的规定。

7.3　大田繁种

7.3.1　隔离区设置

繁种田空间隔离700m以上。

7.3.2　耕翻施肥

前茬作物收获后应及时耕翻晒垡。大田基肥每667m^2施复合肥（$N-P_2O_5-K_2O=15-15-15$）20kg和碳酸氢铵50kg，旋耕后上水耙田平整等待插秧。

7.3.3　大田移栽

7.3.3.1　移栽日期

移栽期掌握在6月18日—22日，移栽时先栽父本，分行插，当天或隔天移栽母本。移栽时母本和一期父本叶龄7叶，单株平均带蘖1.5个～2.0个，二期父本叶龄5叶，单株平均带蘖1.0个。

7.3.3.2　移栽规格

繁种田父母本行比以2∶6为宜。母本株行距为13.3cm×16.7cm，单株栽插；父本株行距为13.3cm×20.0cm，单株栽插。

7.3.4　大田管理

7.3.4.1　追肥施用

分蘖肥移栽后5天～6天每667m^2施碳酸氢铵15kg～20kg，隔一星期每667m^2再施尿素5kg和复合肥（$N-P_2O_5-K_2O=15-15-15$）10kg～15kg，掌握在7月10日前结束氮肥施用。7月15日—20日每667m^2施氯化钾10kg，每667m^2大田施肥总纯氮控制在18kg～20kg。7月10日前后达到够苗期，母本苗数每667$m^2$16.0万以上。父本苗数每667$m^2$4.0万以上，7月20日左右母本高峰苗控制在每667$m^2$21.0万～23.0万。

7.3.4.2 水浆管理

分蘖期保持田间浅水层，母本达到穗数苗即开始搁田，搁田采取多次轻搁。孕穗抽穗阶段保持田间水层，后期灌浆阶段以湿润灌溉为主。

7.3.4.3 化学（人工）除草

执行 NY/T 393—2013 中 8.2 的规定。

7.3.4.4 病虫防治

执行 NY/T 393—2013 中 8.2 的规定。

7.3.5 花期预测及调节

从 8 月初开始每隔 3 天对不同类型田块定点进行父母本幼穗剥查，观察其穗分化进程，花期调节掌握在父本比母本早 1 天～2 天。如果父母本群体发育出现较大偏差，应及时采取调节措施，控快促慢，使父母本发育平衡，调节花期在幼穗分化Ⅰ－Ⅲ期用肥料或生长调节剂控制为好，一般如父本偏快，母本每 667m^2 喷施 10g KH_2PO_4（兑成 7500 倍液）或者喷施 6g～8g 增效调花宝等促生长剂；如果母本偏快，可偏施氮肥于母本中间 4 行，一次每 667m^2 施尿素 2.5kg～4.0kg。

7.3.6 人工辅助措施

7.3.6.1 割叶

始穗期（破口 10%）及时割去父母本剑叶长度的 2/3～3/4。

7.3.6.2 人工授粉

始穗后，每天应认真观察父母本开花时间，待母本开花 10% 以上时，及时采用塑料软管（绳）赶拉花粉，一般第 2 次与第 1 次间隔时间稍短，为 15min～20min。此后，每隔 20min～25min 拉一次，直至母本全部闭颖为止。赶拉花粉时，应掌握“同步、轻压、快拉”要领，并且要正反两个方向交替进行，以提高母本异交结实率。

7.3.6.3　去杂去劣

秧田应多耕翻，防止上年残留种子萌发成株，秧田期要及时拔除株型、叶型不同的杂株。分蘖期拔除高大株和形态不同杂株。割叶前去除一些异型株、早抽穗株（包括母本行间的父本植株）。始穗后，拔除有芒株和花药呈白色的散粉株，以及后期晚抽穗植株。为了防止混杂，授粉结束后及时收获父本，对母本全面去杂2次～3次，并拾净散落在母本中的父本株（穗）。灌浆期拔除先沉头、结实率畸高、颖壳花色、粒型偏圆的植株，同时拔除异型株。

8　种子收获、加工、包装和存放

10月上中旬，收获前，对母本全面去杂去劣，验收合格后，籽粒黄熟时及时收获母本。收获后直接进种子低温烘干机进行烘干。烘干后进行精选、包装。

种子专库存放，防止机械混杂，并密切关注仓库内温湿度，以及种子质量状况。

9　种质鉴定

种子收获后取样送海南进行种质鉴定，质量达到GB 4404.1—2008中的规定后方可用于生产。

10　繁种档案

10.1　气象资料

记录繁种全过程每天温湿度、风向以及特殊天气状况。

10.2　投入品

记录肥料、农药、生长调节剂种类，及其用量、施用时间和方法等。

10.3　技术措施

记录繁种过程中各项田间管理、调节措施、去杂去劣、穗分化进程、苗情动态等。

附 录 A
（规范性附录）
早熟晚粳武运粳7号A繁种生产田记载项目与内容

A.1 田间记载档案

A.1.1 土壤质地：氮、磷、钾及有机质含量；底肥、追肥的种类、数量、施肥方法、次数。

A.1.2 前作、耕作和水浆管理情况。

A.1.3 主要病虫害的种类、程度、受害时间、防治情况（农药品种、用量、方法及效果）。

A.1.4 抗倒性：记载倒伏日期（日/月，下同）和倒伏程度、面积（%）、原因等。

A.2 主要生育期

A.2.1 播种期

播种当天的日期。

A.2.2 移栽期

实际移栽的日期。

A.2.3 分蘖期

50%植株的新生分蘖叶尖露出叶鞘的日期。

A. 2. 4　孕穗期

50%植株的剑叶全部露出叶枕的日期。

A. 2. 5　抽穗期

分见、始、盛、齐四期，以观察点的抽穗进度划分，有5%主茎穗顶露出剑叶叶鞘为见穗、10%为始穗、50%为盛穗、80%为齐穗的日期。

A. 2. 6　成熟期

95%以上谷粒变黄，米质坚硬。成熟期为适宜收获的日期。

A. 2. 7　收获期

实际收获的日期。

A. 2. 8　全生育期

播种第二天至成熟的天数。

A. 3　主要特征特性

A. 3. 1　株型

分松散、紧凑、一般，在分蘖期和抽穗期观察。

A. 3. 2　株高和植株整齐度

量主穗从地面至穗顶（不连芒）的高度，以“cm”表示，植株整齐度分别以整齐（+ +）、一般（+）、不整齐（－）记载。

A. 3. 3　主茎叶片数

从每片完全叶（芽鞘及不完全叶除外）至剑叶的叶片数（自下而上）记载，定点10株，求平均值，并统计不同叶片的株数。每3天～5天观察一次。

A. 3. 4　叶片长宽度

以剑叶长、宽表示，量取叶幅最宽处，求20株的平均值，以“cm”表示。

A.3.5　叶态

分挺拔、疲软、一般，在孕穗期记载。

A.3.6　叶色和叶鞘色

叶色分绿、紫、浓、中、淡；叶鞘色分绿、紫、红。

A.3.7　穗形和粒形

穗形分紧密、松散、一般。粒形分细长、长、长圆、短圆等。

A.3.8　颖色和稃尖色

颖色分淡黄、深黄、褐、黑褐等。稃尖色分无色、紫色、黄色。在抽穗期观察。

A.3.9　芒色和有无芒

芒色分白、红、紫等。芒分无芒、短芒、长芒。在抽穗期观察。

A.3.10　千粒重

随机取干谷1000粒称重，三次重复，求平均值，以“g”表示。

A.3.11　穗长和穗颈长

穗长量颈节到穗顶（芒除外）的长度。求10株的平均值，以“cm”表示。穗颈长量主穗和分蘖穗各一个的穗颈节至剑叶叶枕的长度，求10株的平均值，以“cm”表示。

A.3.12　穗整齐度

分整齐、中等、不整齐记载。

A.3.13　穗重

测10株主穗、分蘖穗的平均值，以“g”表示。

A.3.14　穗粒数

数10株的总粒数、实粒数和空秕粒数的平均值，求结实率、空秕率。

A. 3. 15　颖花开闭时间

以 10 朵颖花开闭颖所需时间之和的平均值计算，以“h（小时）”表示。

A. 3. 16　颖花开颖角度

用量角器量 10 个颖花的平均值，颖花开张角分大（90°以上）、中（46°～90°）、小（45°以下）。

A. 3. 17　花时

连续 3 天定点观察一穗从始花到终花的平均值。

A. 3. 18　柱头外露率

随机调查 20 株主穗的颖花数，数其中单边外露、双边外露数，求其各占调查数的百分数。

A. 3. 19　花粉类型和镜检方法

根据败育花粉的表现形态及对碘-碘化钾能否染色分为典败、圆败、染败、正常四种。典败花粉粒形态不规则、透明不染色，圆败花粉粒圆形透明不染色，染败花粉粒圆形不透明或部分透明轻度染色，正常花粉粒圆形不透明染成棕黑色 。镜检方法：碘-碘化钾镜检。每株 1 个主穗上、中、下 3 个颖花共 18 个花药的玻璃片，用碘化钾液染色，放大 100 倍左右看 3 个标准视野的各类花粉的概数。凡染色花粉较多的植株，要复查一次。

A. 3. 20　花药形态

形态分干瘪、瘦小、饱满；色泽分乳白、金黄色。

A. 4　育性

A. 4. 1　不育株率

调查自然隔离区 100 株的不育株率。

A.4.2　不育度

每穗不实粒数占总粒数的百分率（雌性不育者除外）。一般分五个等级：

全不育：自交不结实。

高不育：自交结实率1%～10%。

半不育：自交结实率11%～50%。

低不育：自交结实率51%～80%。

正常育：自交结实率80%以上。

A.4.3　恢复株率

结实株数占调查株数的百分率。

A.4.4　恢复度

每穗结实粒占每穗总粒数的百分率，以10株主、蘖穗的平均数表示。

ICS 65. 020. 20

B 05

DB 3205

苏 州 市 农 业 地 方 标 准

DB3205/T 171—2016

代替 DB3205/T 171—2009

BT 型杂交粳稻不育系 9703A 繁种技术规程

2016 - 12 - 31 发布　　2017 - 01 - 01 实施

苏州市质量技术监督局　发 布

前 言

本标准按 GB/T 1.1—2009《标准化工作导则第 1 部分：标准的结构和编写规则》编写。

本标准代替 DB3205/T 171—2009《BT 型杂交粳稻不育系 9703A 繁种技术规程》。本标准与 DB3205/T 171—2009 相比，除编辑性修改外，主要技术变化如下：

——标准 5. 3. 2. 4 条款中的原“超过 1 天”修订为“超过 2 天”；

——标准 6. 2 产量和产量结构条款中的原“每 667m^2 收获母本 125kg ~ 150kg 以上，产量构成指标为：每 667m^2 有效穗数 15 万 ~ 16 万，每穗总粒数 110 粒 ~ 115 粒，异交结实率 35% 以上，千粒重 27. 0g ~ 28. 0g”修订为“每 667m^2 收获母本 125kg ~ 150kg 以上，产量构成指标为：每 667m^2 有效穗数 15 万 ~ 16 万，每穗总粒数 105 粒 ~ 115 粒，异交结实率 30% 以上，千粒重 27. 0g ~ 28. 0g”。

本标准由苏州市农业委员会提出。

本标准起草单位：苏州市农业科学研究所。

本标准修订单位：苏州市农业科学院。

本标准制定主要起草人：朱勇良、王建平、乔中英、谢裕林、黄萌、陈培峰。

本标准修订主要起草人：朱勇良、谢裕林、伍应保、乔中英、陈培峰、黄萌、赵泉荣。

BT 型杂交粳稻不育系 9703A 繁种技术规程

1 范围

本标准规定了不育系 9703A 繁种的定义和术语、原原种生产、原种生产、繁种指标、繁种措施、种子收获、加工、包装和存放、种植鉴定和繁种档案。

本标准适用于 BT 型杂交粳稻不育系 9703A 及其保持系的原原种生产和原种生产。

2 规范性引用文件

下列文件对于本文件的应用是必不可少的。凡是注日期的引用文件，仅注日期的版本适用于本文件。

凡是不注日期的引用文件，其最新版本（包括所有的修改单）适用于本文件。

GB/T 3543.(3～7)—1995 农作物种子检验规程（净度分析～其他项目检验）

GB 4404.1—2008　粮食作物种子第 1 部分：禾谷类

DB3205/T 153　早熟晚粳不育系武运粳 7 号 A 繁种生产技术操作规程

3 术语和定义

下列术语和定义适用于本文件。

3.1 不育系

雌蕊正常而雄蕊花粉败育，不能自交结实，育性受遗传基因控制。用 A 表示。

3.2 保持系

雌雄蕊发育正常，能自交结实，给不育系授粉后能够保持正常结实，且其后代仍具有稳定的不育特性。用 B 表示。

3.3 恢复系

雌雄蕊发育正常，授粉不育系所产生的杂种一代育性恢复正常，能自交结实，具有较好的优势。用 R 表示。

3.4 繁殖

不育系由保持系授粉异交结实而繁衍种子，保持系和恢复系通过自交结实繁衍。

4 原种生产

4.1 技术途径

采用人工回交株系循环法。

4.2 亲本选择

从育性、保持力、恢复度三个方面，以典型性、一致性、稳定性为选择的依据。以田间选择为主，结合室内考种，综合评定决选。

4.3 生产隔离

不育系与异品种宜自然隔离。如作时间隔离，花期错开 25 天以上。如作空间隔离，距离 700m 以上。

4.4 程序

建立不育系保种圃一般先从单株选择 \ 成对测交开始，A、B 抽穗后，选择典型株，人工剪颖时注意花药的形态及散粉性，成对测交 100 株，每株剪 2 个穗子，加一个保持系穗子，套在一个袋内，在同一株上再套一个不剪颖的穗子检查套袋自交结实情况，授粉后 A、B 一一对应编号挂牌，收获时套袋结实为零的单株回交的穗收获，否则淘汰；第二年分别播种上年测交的 A 和 B 共 100 个单株，凡表现一致符合不育系典型性状的株行，并且对应的保持系株行表现整齐典型的，保留 30 个株行（不育系和保持系各30个），在不育系行内继续人工回交，在每个株行内选5个单株，每个单株套一穗检查结实情况，剪2穗套袋，人工回交；第三年A和B进入株系循环阶段，A的保种圃的株系种子仍然需人工回交而来，B种子采用保持系保种圃中的混系种子。

5　原种生产

5.1　技术途径

采用“一选三圃法”，即单株选择（选种圃）、株行比较（株行圃）、株系鉴定（株系圃）、择优混系繁殖（原种圃）。

5.2　基地选择

选择自然隔离好、大田地力水平较高、集中连片的田块。

5.3　保持系原种生产

5.3.1　单株选择

5.3.1.1　种子来源

不育系、保持系的保种圃。

5.3.1.2　种植方式和管理

稀播匀播，单株栽插，采用常规栽培管理技术。

5.3.1.3　选择依据

当选单株的性状必须符合原品种特征特性：苏州5月15日播种全生育期140天～143天，叶片数17张～18张；分蘖习性较强，长势长相好；抗病性强。参见附录A。

5.3.1.4　选择时期和数量

按DB3205/T 153执行。

5.3.2　株行圃

5.3.2.1　种子来源

上季当选的单株。

5.3.2.2　种植方式

取各单株（含对照采用同品种原种）的等量种子，同时分别播种育秧，各单株播种面积一致。本田分行单本栽插，按编号顺序排列，不设重复，逢十设对照，行区间留走道。

5.3.2.3　观察记载

对群体的典型性、一致性、稳定性等进行观察记载和考查。参见附录A。

5.3.2.4　淘汰和选留

a）凡株、叶、穗、粒四型及主茎叶片数、芒的有无、稃尖、叶鞘颜色等不符合原品种特征的株行，全行淘汰；抽穗前一个株行发现一棵异株，整行淘汰。

b）田间长势长相不一致、抽穗期、成熟期超过±2天的株行，予以淘汰。

c）经济性状的选留标准接近众数。

5.3.2.5　收获储藏

当选株行单收、单脱、单晒、单储、逐行编号登记。

5.3.3　株系圃

5.3.3.1　种子来源

上季当选的株行种子。

5.3.3.2　田间种植

采用顺序排列，分系栽插等量面积，以同一品种栽插一定面积作为对照，剔除误选的可能。

5.3.3.3　观察记载和选留依据

定点观察10株，各生育阶段增记田间杂株率，凡见杂株的株系，全系淘汰。

5.3.3.4　综合评选

通过田间目测与产量测定，综合评定优良株系。

5.3.4　原种圃

5.3.4.1　种子来源

上季当选的株系种子。

5.3.4.2　种植方式

单本插栽。

5.3.4.3　原种确定

按GB 4404.1—2008执行。

5.4　不育系原种生产

5.4.1　单株选种区

5.4.1.1　种子来源

用保种圃种子。

5.4.1.2　种植方式

选种区单本稀植，父母本行比为1∶4。

5.4.1.3　选择依据

当选不育系单株选择依据在与相应保持系选择依据相同的前提下，以原不育系的不育性、开花习性为选择重点。

5.4.1.4　育性检验

始穗期对初选合格单株逐株镜检，根据附录A的标准和方法。淘汰有可育花粉及有花粉染色较深的单株。

5.4.1.5 开花习性

见附录A，根据不育系原有的开花习性而定。

5.4.1.6 选择方法

始穗期观察全区每株花药，拔除有粉型的单株，再根据镜检复选。田间选择数量不少于200株，决选不少于50株。

5.4.1.7 收获储藏

将当选不育系单株单收、单脱、单储、逐株登记编号备用。

5.4.2 株行圃

5.4.2.1 种子来源

用上季当选的单株种子。

5.4.2.2 种植方式

按父母本计划播插期分别播种育秧，分行种植。父母本行比为1∶4，父母本间距为20cm～25cm，区间走道50cm，顺序排列，不设重复和对照，不用生长激素，不割叶，进行典型性比较，及时赶粉。

5.4.2.3 观察记载及选择依据

对群体的典型性、一致性、稳定性等进行观察记载和考查。参见附录A。

5.4.2.4 育性检验

育性检查采取目测与镜检及套袋自交相结合的方法，在花期每株行镜检10%的不育系，并逐株目测花粉形态和颜色，出现一株变异株，此株行淘汰。

5.4.2.5 开花习性

见附录A，根据不育系原有的开花习性而定。

5.4.2.6 株行决选

在定点观察、育性目测和镜检等项目的基础上，重点选择典型性好、一致性好、异交结实率正常的株行。

5.4.2.7　收获

授粉结束后先收获保持系，防杂保纯。当选株行分别单收、单脱、单晒、单储、逐行编号登记保存。

5.4.3　株系圃

5.4.3.1　种子来源

上季当选的株行不育系种子，父本用冷藏的混优保持系或相同的株行圃种子。

5.4.3.2　种植方式

每株系（含对照采用同品种的原种）等面积栽插，顺序分系栽，父母本行比1∶4，逢10设对照，周围插父本作保护行。

5.4.3.3　观察记载和选留

分系五点取样20株镜检花粉。增记田间纯度，调查记载杂株率。发现变异株的，淘汰全部株系。

5.4.3.4　育性鉴定

每株系在始穗期（未开花）套袋不少于50个，并同步按测交、自交结实情况，作为育性取舍依据。

5.4.3.5　当选依据

根据观察记载、目测、镜检、测产情况综合评定优系。

5.4.3.6　收获

成熟时先收获淘汰的株系并及时处理，再混收当选的株系。

5.4.4　原种圃

5.4.4.1　种子来源

上季当选不育系株系经纯度鉴定合格及杂种一代各项性状符合原组合要求的混

系，及对应保持系混系。

5.4.4.2 种植方式

严格隔离，按父母本计划播种差期分别播种育秧。行比2∶6，间隔分行，单株栽插。

5.4.4.3 原种确定

按 GB 4404.1—2008 执行。

6 繁种指标

6.1 种子质量

按 GB 4404.1—2008 执行。

6.2 产量和产量结构

每667m^2 收获母本 125kg ~ 150kg 以上，产量构成指标为：每667m^2 有效穗数 15 万 ~ 16 万，每穗总粒数 105 粒 ~ 115 粒，异交结实率 30% 以上，千粒重 27.0g ~ 28.0g。

7 繁种措施

7.1 亲本选用

不育系 9703A 与对应保持系 9703B。亲本种子质量达到 GB 4404.1—2008 的要求。

7.2 育秧

7.2.1 筹备秧田

选择排灌方便，地势平坦，土壤肥力中上、疏松的田块作为秧床。

7.2.2 制作苗床

秧畦净宽 1.2m ~ 1.4m，沟宽为 20cm ~ 25cm，沟深 15cm ~ 20cm。畦面要精耕细作，达到上实下松、畦平泥熟。

7.2.3　处理种子

晒种1天～2天后进行种子处理，用16%“咪鲜·杀螟”可湿粉剂（恶线清）10g，35%吡虫啉悬浮剂（施悦）4g，加水8kg～10kg搅匀后，浸种4kg～5kg，浸种时间为48h～60h，常温催芽，种子破胸露白即可备用。

7.2.4　播种和管理

播种量每667m^{2}母本为2.0kg，父本为0.7kg（其中第一期父本0.3kg，第二期父本0.4kg）。父本采取分期播种，第一期父本播期5月23日—25日，每667m^{2}秧田播量为15kg；第二期父本播期5月28日—30日，每667m^{2}秧田播量为25kg。母本播期5月23日—25日，每667m^{2}秧田播量为20kg。按畦定量精播，播后用木板轻塌谷盖籽。播后当天排尽沟水，每667m^{2}选用30%直播宁可湿性除草剂75g～90g化除，随后加盖无纺布。移栽前3天～4天揭去无纺布，建立浅水层3cm～4cm，加施起身肥每667m^{2}尿素7.5kg～10kg。

7.3　大田繁种

7.3.1　隔离区设置

繁种田空间隔离700m以上。

7.3.2　耕翻施肥

前茬作物收获后应及时耕翻晒垡。大田基肥每667m^{2}施45%复合肥20kg和碳酸氢铵50kg，旋耕后上水耙田平整等待插秧。

7.3.3　大田移栽

7.3.3.1　移栽日期

移栽期掌握在6月18日—22日，移栽时先栽父本，当天或隔天移栽母本。

7.3.3.2　移栽规格

繁种田父母本行比以2∶6为宜。母本株行距为13.3cm×16.7cm，每穴插1株种子苗，父本株行距为 13.3cm×20.0cm，每穴插 1 株种子苗。

7.3.4　大田管理

7.3.4.1　追肥施用

移栽后 5 天～6 天每 667m^2 施分蘖肥碳酸氢铵 15kg～20kg，隔一星期每 667m^2 再施尿素 5kg 和 45% 复合肥 10kg～15kg，掌握在 7 月 10 日前结束氮肥施用；7 月 15 日—20 日每 667m^2 施氯化钾 10kg。每 667m^2 大田施肥总纯氮控制在 18kg～20kg。

7.3.4.2　水浆管理

分蘖期保持田间浅水层，母本达到穗数苗即开始多次轻搁。孕穗～抽穗阶段保持田间水层，灌浆阶段采用湿润灌溉。

7.3.4.3　化学除草

栽后 2 天～4 天，每 667m^2 用 30% “丙・苄”可湿性粉剂 80g 兑水 40kg 小机喷雾，并保持水层 3 天～4 天。

7.3.4.4　病虫防治

a）7 月上旬防治三代灰飞虱、二代纵卷叶螟和一代大螟，每 667m^2 采用噻嗪酮可湿性粉剂 80g＋5.7% 甲维盐水分散粒剂 25g 兑水 60kg 喷雾。

b）7 月 20 日—23 日，主攻二代纵卷叶螟、稻飞虱，每 667m^2 用 25% 吡蚜酮悬浮剂 30g＋25% “甲维・茚虫威”水分散粒剂 10g，兑水 60kg 小机喷雾。

c）8 月上旬，防治三代纵卷叶螟一峰、褐飞虱、纹枯病，每 667m^2 用 5.7% 甲维盐水分散粒剂 25g＋50% 烯啶虫胺水溶性粉剂 10g＋11% “井冈・己唑醇”可湿粉 60g，兑水 60kg 小机喷雾。

d）8 月 20 日—23 日，主攻三代褐飞虱、纹枯病及三代纵卷叶螟二峰，视虫情每 667m^2 用 50% 烯啶虫胺水溶性粉剂 10g＋25% “甲维・茚虫威”水分散粒剂

10g + 24% 井冈霉素水剂 40mL 兑水 60kg 喷雾。

e）8 月底—9 月初破口期，防治四代纵卷叶螟、螟虫、纹枯病、稻瘟病、稻曲病，每 667m^2 用 25% 吡蚜酮悬浮剂 20g + 20% 氯虫苯甲酰胺悬浮剂 10mL + 20% “井·三环”悬浮剂 100mL + 27% “噻呋·戊唑醇”悬浮剂 20mL 兑水 60kg 喷雾。

f）9 月中旬前后，防治褐飞虱、纹枯病、稻瘟病，每 667m^2 用 20% 噻虫胺悬浮剂 50 毫升 + 20% “井·三环”悬浮剂 100mL + 27% “噻呋·戊唑醇”悬浮剂 20mL 兑水 60kg 喷雾。

g）10 月初继续防治褐飞虱，每 667m^2 用 20% 噻虫胺悬浮剂 50mL 兑水 60kg 喷雾。注意用药时田间均保持浅水层。

7.3.5　花期预测及调节

从 8 月初开始每隔 2 天～3 天对不同类型的典型田块定点进行父母本幼穗的剥查，观察其幼穗分化进程，掌握在父本比母本早 1 天～2 天。如发现父母本群体发育进程不协调，应及时采取调节措施，压快促慢，使父母本发育均衡。调节花期以幼穗分化Ⅰ—Ⅲ期用肥水控制为好，如父本偏快，应放水晒田，同时母本每 667m^2 喷施 1∶7500 的 KH_2PO_4 10g；如果母本偏快，可偏施氮肥于母本区的中间 6 行，一般一次每 667m^2 施尿素 2.5kg ～ 4.0kg。

7.3.6　人工辅助措施

7.3.6.1　割叶

始穗期（破口 10%）及时割去父母本剑叶长度的 2/3。

7.3.6.2　人工授粉

始穗后（抽穗 5% ～ 10%），应每天认真观察父母本的开花时间，待母本开花 10% 时，及时采用软塑料绳赶拉花粉，一般第 2 次与第 1 次的间隔时间稍短，为 20min ～ 25min。此后，每隔 25min ～ 30min 赶拉一次，直至母本全部闭颖为止。赶拉花粉时，应掌握“同步、轻巧、流畅”要领，并且要正反两个方向来回交替进行，以提高母本的异交结实。

7.3.6.3 去杂去劣

秧田期要及时拔除株型、叶型不同的杂株。分蘖期拔除大青棵和形态不同的杂株。割叶前务必去除一些异型株、早抽穗株（包括母本行间的父本植株）。始穗后，拔除有芒株和花药呈白色的已散粉株，以及后期晚抽穗植株。授粉结束后及时收获父本，对母本全面去杂2次～3次，并拾净散落在田间和夹杂在母本中的父本株（穗）。灌浆期拔除先沉头、结实率异高的疑似植株。

8 种子收获、加工、包装和存放

母本黄熟85%～90%时及早收获。收获后直接进种子低温烘干机进行烘干。烘干后进行精选、包装。种子专库存放，防止机械混杂，并要定期观察仓库内温湿度的变化，注意通风防潮。

9 种植鉴定

种子收获后，取样送海南进行种质鉴定。

10 繁种档案

10.1 气象资料

记录繁种全过程每天的温湿度、风向和特殊天气情况。

10.2 投入品

记录肥料、农药、生长调节剂种类、用量、施用时间及方法等。

10.3 技术措施及效应

记录繁种过程中的各项农事管理措施及效应等。

附　录　A

（资料性附录）

BT 型杂交粳稻不育系 9703A 繁种技术规程

A.1　田间档案记载

A.1.1　土壤质地和用肥：土壤质地类型；用肥的种类、数量、时间、方法。

A.1.2　前作、耕作和灌溉。

A.1.3　主要病虫害的种类、危害程度、受害时间、措施应对（农药品种、剂型、用量、方法及效果）。

A.1.4　抗倒伏性能：记载倒伏日期（日/月，下同）及倒伏程度、面积（%）、原因等。

A.2　主要生育期

A.2.1　播种期

播种当天的日期。

A.2.2　移栽期

实际移栽的日期。

A.2.3　分蘖期

50% 植株的新生分蘖叶尖露出叶鞘的日期。

A.2.4　孕穗期

50% 植株的剑叶全部露出叶枕的日期。

A. 2. 5　抽穗期

分见、始、盛、齐四期，以观察点的抽穗进度划分，有5%的主茎穗顶露出剑叶叶鞘为见穗、10%为始穗、50%为盛穗、80%为齐穗的日期。

A. 2. 6　成熟期

95%以上的谷粒转黄，米质坚硬。成熟期为适宜收获的日期。

A. 2. 7　收获期

实际收获时间。

A. 2. 8　全生育期

播种第二天至成熟的天数。苏州5月15日播期9703A的全生育期为140天～143天。

A. 3　主要特征特性

A. 3. 1　株型

分紧凑、半紧凑、较松散、松散，在分蘖期和抽穗期观察。9703A的株型为紧凑～半紧凑型。

A. 3. 2　株高和植株整齐度

量主穗从地面至穗顶（不连芒）的高度，以"cm"表示，植株整齐度分别以整齐、中等、不整齐记载。9703A的常年株高介于90cm～95cm，整齐度好。

A. 3. 3　主茎叶片数

从每片完全叶（芽鞘及不完全叶除外）至剑叶的叶片数（自下而上）记载，定点10株，求平均值。每3天～5天观察记载一次。9703A的主茎叶片数为17张～18张。

A. 3. 4　叶片长宽度

以剑叶长、宽表示，量取剑叶叶幅最宽处，求20株平均值，以"cm"表示。

9703A 剑叶长、宽常年分别为 33cm 和 1.8cm 左右。

A.3.5 叶姿

分挺、较挺、较疲、披散，在孕穗期记载。9703A 叶姿介于挺～较挺。

A.3.6 叶色和叶鞘色

叶色分深绿、中绿、浅绿；叶鞘色分绿、紫、红。9703A 叶色为中绿；叶鞘色为绿。

A.3.7 穗形和粒形

穗形分紧密、松散、中等。粒形分细长、长、长圆、短圆等。9703A 穗形介于紧密～中等；粒形介于长圆～短圆。

A.3.8 颖色和稃尖色

颖色分淡黄、深黄、褐、黑褐等。稃尖色分无色、紫色、黄色。在抽穗期观察。9703A 颖色为淡黄；稃尖色为无色。

A.3.9 芒色和有无芒

芒色分白、红、紫等。芒分无芒、短芒、长芒。在抽穗期观察。9703A 为无芒，年度之间较稳定。

A.3.10 千粒重

随机取干谷 1000 粒称重，三次重复，求平均值，以“g”表示。9703A 的千粒重在 27.5g 左右。

A.3.11 穗长和穗颈长

穗长量穗颈节到穗顶（芒除外）的长度。求 10 株的平均值，以“cm”表示。穗颈节长量主茎穗和分蘖穗各一个的穗颈节至剑叶叶枕的长度，求 10 株的平均值，以“cm”表示。9703A 的穗长在 16.5cm 左右。

A. 3. 12　穗层整齐度

分整齐、中等、不整齐记载。9703A 穗层整齐。

A. 3. 13　穗重

测 10 株主穗、分蘖穗的平均值，以“g”表示。

A. 3. 14　穗粒结构

数 10 株的总粒数、实粒数和空秕粒数的平均值，测定结实率、空秕率。

A. 3. 15　颖花开闭时间

以 10 朵颖花开闭颖所需时间之和的平均值表示，以“min”（分钟）计算。9703A 开闭颖所需时间之和的平均值为 70min ~ 85min。

A. 3. 16　颖花开颖角度

用量角器量 10 个颖花的平均值，颖花开张角分大（90°以上）、中（46° ~ 90°）、小（45°以下）。9703A 颖花开张角平均在 45°以下。

A. 3. 17　花时

连续 5 天定点观察一穗从始花到终花的平均值。9703A 单穗花期一般为 5 天~ 7 天。

A. 3. 18　柱头外露率

随机调查 20 株主穗的颖花数，计数其中单边外露、双边外露情况，求其各占调查数的百分数。9703A 基本无柱头外露。

A. 3. 19　花败类型和镜检方法

根据败育花粉的表现形态及对碘-碘化钾能否染色分为典败、圆败、染败、正常四种。典败花粉粒形态不规则、透明不染色，圆败花粉粒圆形透明不染色，染败花粉粒圆形不透明或部分透明轻度染色；正常花粉粒圆形不透明染成棕黑色。镜检方法：碘-碘化钾镜检。每株 1 个主穗上、中、下 3 个颖花共 18 个花药的玻璃片，

用碘化钾液染色，放大100倍左右看3个标准视野的各类花粉的概数。凡染色花粉较多的植株，需要复查一次。9703A以染败为主。

A.3.20　花药形态

形态分干瘪、瘦小、饱满；色泽分乳白、浅黄色、深黄色。9703A花药形态属于瘦小，色泽呈浅黄色。

A.4　育性

A.4.1　不育株率

调查自然隔离区500株中的不育株所占的百分数。

A.4.2　不育度

每穗不实粒数占总粒数的百分数（雌性不育者除外）。一般分五个等级：

全不育：自交不结实。

高不育：自交结实率1%～10%。

半不育：自交结实率11%～50%。

低不育：自交结实率51%～80%。

正常育：自交结实率80%以上。

9703A自交结实率鉴定结果为0.005%。

A.4.3　恢复株率

结实株数占调查株数的百分率。

A.4.4　恢复度

每穗结实粒占每穗总粒数的百分数，以10株主、蘖穗的平均数表示。

B 05

DB 3205

苏州市农业地方标准

DB3205/T 194—2011

南粳46机插优质栽培技术规程

2012-03-01 发布 2012-03-01 实施

江苏省苏州质量技术监督局 发布

前　言

为规范南粳46的生产管理，提高产品质量和效益，特制定本标准。

本标准编写按GB/T 1.1—2009《标准化工作导则　第1部分：标准的结构和编写》。

本标准由苏州市农业委员会提出。

本标准起草单位：苏州市粮食作物技术指导站。

本标准主要起草人：邱枫、吴正贵、徐建方、周培南、陈昱、朱伟琪、郁寅良。

南粳 46 机插优质栽培技术规程

1 范围

本标准规定了南粳 46 机插栽培的主要指标、育秧、大田栽培、收获、干燥与贮藏、生产记录档案。

本标准适用于苏南地区中上等肥力条件下南粳 46 机插生产。

2 规范性引用文件

下列文件对于本文件的应用是必不可少的。凡是注日期的引用文件，仅注日期的版本适用于本文件。凡是不注日期的引用文件，其最新版本（包括所有的修改单）适用于本文件。

GB 4285 农药安全使用标准

GB 4404.1 粮食作物种子 第 1 部分：禾谷类

NY/T 496—2010 肥料合理使用准则 通则

NY/T 5117—2002 无公害食品 水稻生产技术规程

3 主要指标

3.1 品质指标

米粒外观半透明，有香味，糙米率 80% ~ 85%，精米率 70% ~ 75%，整精米率 65% ~ 68%，胶稠度 76 mm ~ 82mm，直链淀粉含量 10% ~ 14%。

3.2 全生育期

160 天~ 165 天。

3.3 主要形态指标

株高105cm～110cm，主茎总叶片数18张～19张，地上部伸长节间数7个。

3.4 产量指标

550kg/667m^2～650kg/667m^2。

3.5 产量结构

每667m^{2}有效穗21万～22万，每穗总粒数125粒～135粒，结实率>90%，千粒重25g～26g。

4 育秧

4.1 壮秧指标

秧龄15天～18天，株高13cm～18cm，叶龄3.2叶～3.8叶，单株白根数10条以上，根系盘结好，叶挺色绿，提起不散，不断裂。

4.2 播前准备

4.2.1 膜盘准备

塑盘：每667m^{2}大田应备规格为58cm×28cm的塑盘20张～22张。

4.2.2 种子准备

种子质量应符合GB 4404.1规定。播前晒种1天～2天后进行种子处理，每3kg～4kg种子用16%“咪鲜·杀螟丹”（恶线清）可湿性粉剂1.5包（15g）兑水6kg～8kg，浸种48h后常温催芽，待种子露白后播种。

4.2.3 床土准备

选择肥沃疏松、无硬杂质、杂草及病菌少的土壤（如菜园土、耕作熟化的旱田土等）。在晴好天气及土堆水分适宜时（含水率10%～15%，细土手捏成团，落地即散）进行过筛，每667m^{2}大田备足100kg细土，每100kg细土均匀拌入1kg壮秧剂。

4.2.4 秧板制作

选择地势平坦、灌溉便利、集中连片，便于管理的田块做秧田，按秧大田比例1:（90～100）留足秧田。播种前10天～15天精做秧板，秧板宽1.4m～1.5m，秧沟宽0.3m～0.4m，秧沟深0.15m。板面平整光滑，田块高低差不超过1.0cm。

4.3 播种

4.3.1 播种期

播种时间以在5月25日—30日为宜，按插秧时间提前15天～20天，以插秧机3天工作面积为一个批次。

4.3.2 平铺塑盘

塑盘育秧：秧板上平铺塑盘，每块秧板横排两行，依次平铺，紧密整齐，盘与盘的飞边重叠排放，盘底与床面紧密贴合。

4.3.3 匀铺床土

铺撒准备好的床土。应用高速插秧机的土层厚度掌握在2cm～2.5cm，应用步行式插秧机的土层厚度掌握在1.8cm～2.0cm，厚薄均匀，土面平整。

4.3.4 补水保墒

播种前一天，灌平沟水，待床土充分吸湿后迅速排干水，亦可在播种前直接用喷壶洒水，要求播种时土壤含水率达85%～90%。

4.3.5 精细播种

塑盘育秧：每667m^2大田用干种子2.5kg～3kg，每盘均匀播湿谷150g～160g。播种时要做到分次细播，力求均匀。有条件的地方，采用育秧流水线播种，更能保证质量。

4.3.6 匀撒覆土

播种后均匀撒盖籽土，覆土厚度为0.4cm～0.6cm。

4.3.7　盖无纺布

宜选择规格20g的无纺布覆盖，然后取秧田土块将其四周压实，待齐苗后松去四周压实土块，使无纺布松动自如。移栽前3天～4天揭除炼苗。

4.4　水浆管理

播后保持床土湿润不发白，晴好天气灌满沟水，阴雨天气排干水。揭膜前补1次足水，移栽前2天～3天排干水，控湿炼苗。

4.5　施送嫁肥

移栽前3天～4天，看苗施好送嫁肥，一般每667m^2施尿素5kg。

4.6　施起身药

施送嫁肥后，药剂防治二化螟、灰飞虱。

5　大田栽培

5.1　耕翻整地

前茬作物收获后，及时耕翻晒垡，同时进行秸秆还田，每667m^2适宜还田量200kg～250kg。旋耕后上水耙田整地，达到田平、泥熟、无残渣，田内高低不超过3cm。待泥浆沉实后插秧。

5.2　栽期与密度

移栽期以6月10日—15日为宜。栽插密度每667m^2栽1.6万～1.8万穴，每穴3苗～4苗，每667m^2栽6.0万～7.0万基本苗。要求秧苗不漂、不倒，栽插深度1.5cm～2cm，连续缺穴3穴以上时，应及时进行补苗。

5.3　水浆管理

机插结束后浅水护苗，活棵后脱水露田2天～3天，以后浅水勤灌促早发，总苗数达到预定穗数苗的90%时开始分次轻搁，达到田中不陷脚、叶色褪氮、叶片挺起为止。搁田复水后，保持干干湿湿，干湿交替，在抽穗扬花期保持浅水层，齐穗后干湿交替，收割前7天灌一次跑马水。

5.4　肥料运筹

5.4.1　施肥原则

肥料施用应符合NY/T 496—2010的规定。宜少施氮肥，多施有机肥。特别是后期应尽量少施氮肥。早施分蘖肥，稳施拔节孕穗肥，增施磷钾肥，后期看苗补施穗肥。基蘖肥与穗肥比例以7∶3为宜，氮、磷、钾搭配使用。穗肥掌握早施少施、以促为主。一般不施保花肥。

5.4.2　施肥总量

纯氮15kg～16kg/667m^2，磷（P_2O_5）8kg～10kg/667m^2，钾（K_2O）8kg～10kg/667m^2。其中有机肥含氮量占总氮量的40%～60%。

5.4.3　施肥方法

5.4.3.1　基肥

在秸秆还田的基础上每667m^2施农家肥1000 kg+45%复合肥30 kg。

5.4.3.2　分蘖肥

分2次使用，第一次在栽后3天～5天结合化除施尿素7.5 kg/667m^2，间隔一周再施尿素7.5 kg/667m^2。

5.4.3.3　促花肥

在余叶龄4.5～4.0时每667m^2施尿素2 kg～3kg，45%复合肥20 kg/667m^2。

5.5　病虫防治

5.5.1　防治原则

病虫害防治应符合GB 4285的规定。采用“预防为主，综合防治”的方针，以使用高效低毒低残留农药为主，用药安全间隔期不低于50天。

5.5.2　主要病虫草害防治

病害主要以纹枯病、稻曲病和稻瘟病为主，虫害以稻飞虱、纵卷叶螟、大螟为主。

5.5.2.1　建议药种

治虫药种宜选用吡蚜酮、“噻嗪・异丙威”、甲维盐、阿维菌素、32%“丙溴磷・氟铃脲”乳油等合理组配应用。防治纹枯病可在纹真清、“井冈・蛇床素”“井・腊芽”中任选一种。

5.5.2.2　杂草防治

根据稻田杂草类型，移栽后，选择低毒高效的化学除草剂进行除草。一般在栽后3天～5天用10%苄丁复配剂500g拌化肥或细土撒施，7月5日—10日再用苄嘧磺隆或苄乙复配剂补除。

6　收获、干燥与贮藏

当95%以上籽粒黄熟时用收割机收获。收获后晒干或烘干，水分达到国家标准。贮藏应符合NY/T 5117—2002的规定。

7　生产记录档案

建立生产记录档案，内容包括生产技术措施、病虫草害防治及投入品使用情况等。

生产记录档案至少保存二年。

《南粳46机插优质栽培技术规程》编制说明

1999年以来，稻米品质改良和条纹叶枯病抗性改良成为江苏省水稻育种的两大主要目标。南粳46由江苏省农业科学院粮食作物研究所选育，2008年1月通过江苏省品种审定委员会审定（审定编号：苏审稻200809）。该品种稻米品质优，米饭晶莹剔透，口感柔软滑润，富有弹性，冷而不硬，食味品质极佳。在2006年和2007年江苏省粳稻优质米食味品尝会上均获得第一名，被誉为“最好吃的大米”。同时，该品种还表现高产稳产、抗条纹叶枯病。近年来，该品种在我市大面积种植，受到种植农户的普遍欢迎。目前，该品种的机插优质栽培技术尚无标准。为规范南粳46优质生产技术，保证该品种的优良食味特性和产量，为实行标准化生产、产业化开发优质稻米生产提供参照，特制定本标准。

B 05

DB 3205

苏州市农业地方标准

DB3205/T 195—2011

杂交粳稻常优5号优质高产制种技术规程

2012－03－01 发布　　2012－03－01 实施

江苏省苏州质量技术监督局　发布

前 言

常优 5 号是由常熟市农业科学研究所于 2006 年育成的三系杂交晚粳组合，2010 年分别通过江苏省和国家农作物品种审定。该组合除具有高产稳产、抗性强等优良特性外，稻米品质特优，外观理化指标达到国标一级优质稻谷标准，食味品质极佳。近年来该组合种植面积不断扩大，已成为太湖晚粳稻区优质杂交粳稻的重点推广组合。但是，由于杂粳推广涉及制种环节，不同组合之间制种技术差别很大，具有一定的专属性，技术掌握不到位将导致年度之间制种产量、质量的不稳定，从而给杂粳的大面积推广带来很大的制约。

为了更好地掌握常优 5 号亲本特性及其制种技术，规范杂粳种子生产技术程序，稳定和提高制种产量，保证质量，为常优 5 号的扩大推广提供保障，根据《中华人民共和国标准法》《中华人民共和国种子法》，特制定本标准。

本标准编写按 GB/T 1.1—2009《标准化工作导则　第 1 部分：标准的结构和编写》。

本标准制定时有关农药、肥料、生长调节剂使用规范遵循相关规定并结合苏州实际情况。

本标准由苏州市农业委员会提出。

本标准由苏州市种子管理站、常熟市农业科学研究所负责起草。

本标准主要起草人：何建华、端木银熙、周建明、孙菊英、袁进康、朱正斌、王雪刚、苏月红、林一波、陆海明。

杂交粳稻常优5号优质高产制种技术规程

1　范围

本标准规定了常优5号制种的术语和定义、优质高产制种指标、制种技术、种子收获、加工、包装和存放、种植鉴定、制种档案。

本标准适用于常优5号制种。

2　规范性引用文件

下列文件对于本文件的应用是必不可少的。凡是注日期的引用文件，仅注日期的版本适用于本文件。凡是不注日期的引用文件，其最新版本（包括所有的修改单）适用于本文件。

GB 4404.1　粮食作物种子　第1部分：禾谷类

DB3205/T 089—2005　杂交粳稻常优1号优质高产制种技术规程

3　术语和定义

下列术语的定义适用于本标准。

3.1　父本

常优5号制种所利用的恢复系。

3.2　母本

常优5号制种所利用的不育系。

3.3　亲本

父本与母本的总称。

3.4　播差期

父本与母本播种相隔的天数。

3.5　行比

父本与母本大田移栽行数比。

3.6　花期调节

通过观察发现父本与母本幼穗分化进程是否有差异，当抽穗时间可能不一致时，采取偏施肥、喷施生长调节剂、灌溉、搁田、提前或推迟割叶等田间操作措施进行调节，力求改变父母本花期不相遇的境况。

3.7　去杂去劣

制种全过程，在父母本行中拔除异株，提高杂交种子纯度的措施。

4　优质高产制种指标

4.1　优质

通过人工授粉，收获的母本（杂交一代种子）质量达到 GB 4404.1。

4.2　高产（产量构成指标）

每 667m^2 收获母本（杂交一代种子）200kg 以上，产量构成指标为：每 667m^2 有效穗数 15 万～15.5 万，每穗总粒数 105 粒～110 粒，异交结实率 45%～50%，千粒重 26.0g～26.5g。

5　制种技术

5.1　亲本选用

不育系常 01－11A 与恢复系 CR－27。种子质量执行 GB 4404.1。

5.2　育秧

5.2.1　秧田准备

执行 DB3205/T 089—2005。

5.2.2　苗床制作

执行 DB3205/T 089－2005。

5.2.3　种子处理

晒种后3天～4天用25%使百克2mL兑水5kg～6kg，浸种48h～60h，再用清水漂洗，常温催芽，露白播种。

5.2.4　播期与播量

每667m^2用种量母本2kg～2.5kg，父本为0.6kg（其中第一期父本0.25kg，第二期父本0.35kg）。父本采取分期播种，第一期父本播期4月28日—30日，每667m^2秧田播量为15kg；第二期父本播期5月10日—12日，每667m^2秧田播量为20kg；母本播期6月5日—7日，每667m^2秧田播量为35kg。按畦定量均匀播种，播后父本用木板塌谷盖没，母本用细土盖没，然后喷施秧田专用除草剂，待晾干后覆盖无纺布。

5.2.5　秧田管理

每667m^2秧田母本施纯氮15kg～18kg、父本施纯氮10kg～12kg。其中基肥：每667m^2母本施45%复合肥20kg、父本施45%复合肥15kg，播前一星期深施；面肥：母本每667m^2施碳酸氢铵20kg～30kg，播前3天施，父本秧田不施；追肥：一叶一心每667m^2母本施尿素10kg～12kg、父本施5kg～7.5kg；移栽前2天～3天每667m^2施尿素7.5kg～10kg。播种后至三叶前保持秧板湿润，晴天半沟水，雨天排干水，三叶期后秧板建立浅水层。

5.2.6　病虫防治

执行 DB3205/T 089—2005。

5.2.7　秧田除草

执行 DB3205/T 089—2005。

5.3　大田制种

5.3.1　隔离区设置

制种田空间隔离200m以上，或相邻品种的抽穗期应相差20天以上。

5.3.2　耕翻施肥

前茬作物收获后应及时耕翻晒垡。父本CR－27耐肥性差，制种田仅对母本常01－11A偏施肥料，基肥在母本移栽前每667m^2施45%复合肥25kg和尿素7.5kg，施于母本中间10行。

5.3.3　大田移栽

5.3.3.1　移栽日期

移栽期父本CR－27在6月10日—12日，母本常01－11A在6月底前。

5.3.3.2　移栽规格

制种田父母本行比2∶12，父母本总行幅为2.6m。父本株行距为15cm×23.3cm，每穴插1株～2株种子苗，父母本间距为26.7cm，母本株行距为15.0cm×16.7cm，每穴插2株～3株种子苗。每667m^2父本移栽密度0.35万穴，母本移栽密度2.1万～2.2万穴。

5.3.4　大田管理

5.3.4.1　追肥施用

分蘖肥移栽后5天～6天每667m^2施尿素10kg，7月中下旬每667m^2施45%复合肥20kg，8月初每667m^2施尿素5kg～6kg，追肥时应全田放干水，要求将肥料施于母本中间10行。7月底前，父本每667m^2分次偏施氯化钾7.5kg。

5.3.4.2　水浆管理

分蘖期保持田间浅水层，母本移栽后20天～22天掌握时机即开始搁田，分次搁田3次～4次。孕穗抽穗阶段保持田间水层，后期灌浆阶段以湿润灌溉为主。

5.3.4.3　化学（人工）除草

执行 DB3205/T 089—2005。

5.3.4.4　病虫防治

执行 DB3205/T 089—2005。

5.3.5　花期预测及调节

从 8 月初开始每隔 3 天对不同类型田块定点进行父母本幼穗剥查，观察其穗分化进程，掌握在父本比母本早抽穗 1 天～2 天。如发现父母本群体发育出现较大偏差，应及时采取调节措施，控快促慢，使父母本发育平衡，调节花期以幼穗分化Ⅰ期～Ⅲ期效果较好。由于父本对肥料敏感，如出现父本生育进程偏迟，可对父本偏施钾肥，每次每 667m^{2}施氯化钾 2.5kg～3.0kg。

5.3.6　人工辅助措施

5.3.6.1　割叶

始穗期（破口 10%）割叶，父本早母本 2 天割叶，母本留叶 8cm，父本留叶 5cm。

5.3.6.2　喷施生长调节剂

父本割叶后即每 667m^{2}喷“九二〇”（粉剂）3g，母本割叶当天或隔天，父母本每 667m^{2}同喷“九二〇”（粉剂）8g～10g。“九二〇”粉剂应预先酒精溶解，兑水均匀喷施。

5.3.6.3　人工授粉

始穗后，每天观察父母本开花时间，待母本开花，采用塑料软管（绳）赶拉花粉，一般第 2 次与第 1 次间隔时间稍短，为 15min～20min。此后，每隔 20min～25min 拉一次，直至母本全部闭颖为止。赶拉花粉时，应掌握“同步、轻压、快拉”要领，并且要正反两个方向交替进行，以提高母本异交结实率。

5.3.7　去杂去劣

秧田应深翻泡水，防止上年残留种子萌发成株，秧田期要及时拔除株型、叶型不同的杂株。分蘖期根据植株形态，叶片颜色和形态，拔除高大株和叶色叶型不同杂株。割叶前去除异型株、早抽穗株以及母本行中的父本植株。始穗后，根据抽穗时间，穗部形态，花药大小和是否散粉，及时拔除无芒株和花药较大且散空呈白色植株，以及后期晚抽穗植株。灌浆期根据结实率、颖壳形态和颜色，拔除先沉头、结实率畸高、颖壳花色、粒形偏圆的植株，同时拔除异型株。父本收获后，再全面去杂2次~3次，并拾净散落在母本中的父本株（穗）以及父本行中残留的小分蘖穗，待检验员验收合格后方可收获母本。

6　种子收获、加工、包装和存放

10月上中旬，先收获父本，在对母本全面去杂去劣验收合格后，籽粒黄熟时及时用半喂入联合收割机收割母本。

收割后直接进种子低温烘干机进行烘干，烘干时温度控制在37℃以内。

烘干后进行精选、包装。

种子专库存放，防止机械混杂，并密切关注仓库内的温湿度，以及种子质量状况。

7　种植鉴定

种子收获后取样送海南进行种质鉴定，质量达到GB 4404.1后方可用于生产。

8　制种档案

8.1　气象资料档案

记录制种全过程每天温湿度、雨水以及特殊天气状况。

8.2　投入品档案

记录肥料、农药、生长调节剂种类、用量、施用时间及方法等。

8.3　技术档案

记录制种过程中各项田间管理、调节措施、去杂去劣、穗分化进程、苗情动态等。

《杂交粳稻常优5号优质高产制种技术规程》编制说明

粳稻杂种优势利用一直落后于杂交籼稻，利用BT型不育细胞质育成的粳稻不育系制种产量低，纯度难控制，这是制约杂交粳稻发展的重要因素。此外，由于杂交粳稻双亲遗传基础较狭窄，育成的组合相对于常规粳稻优势不明显，且在结实率、外观品质等经济性状上总体表现为负向超亲优势。常优5号母本不育系常01－11A改良了BT型粳稻不育系开花习性普遍较差的问题，具有花时早、开花集中、异交结实率高的特性，大幅度提高了该组合的制种产量。常优5号杂种优势强，结实率高，外观米质优，米饭食味性好，近年来生产应用面积逐年扩大。但是常优5号父母本生育期和对肥料的敏感度差异较大，获得较高制种纯度和产量的技术难度相对较大，同时也加大了常优5号制种质量、产量年度之间的不平衡性。为加快常优5号的推广应用，保证其制种质量和产量，我们在苏州质量技术监督局、苏州市农业委员会的大力支持下，承担了本标准的起草工作。

我们已连续多年开展了常优5号小区制种试验、小面积试制以及大范围制种实践工作。通过大量试验，研究了父母本最佳行比、最佳移栽密度、不同肥料运筹方案、花期调节措施、杂株类型及形态识别等关键技术，初步总结出了一套常优5号优质高产制种技术方案，并在生产中得以验证和应用。在接受本标准制定任务后，本年度我们再次通过试验示范对制种技术方案进行斟酌与验证，并征求了育种单位、品种推广部门、制种基地的意见，在综合各方意见基础上，结合以往制种实践经验，形成了本标准草案。

在本标准制定过程中，我们遵循科学性、实用性和可操作性原则，真正使制定的标准能应用于实践。

ICS 65.020.20
B05

DB 3205

苏州市农业地方标准

DB3205/T 212—2014

水稻工厂化基质育秧技术规程

2014-12-31 发布　　2015-01-01 实施

苏州市质量技术监督局 发布

前 言

本标准在编写结构、内容和格式等方面均符合 GB/T 1.1—2009《标准化工作导则第 1 部分：标准的结构和编写》。

本标准由苏州市农业委员会提出。

本标准起草单位：太仓市作物栽培指导站。

本标准主要起草人：全坚宇、高威、仇红、杨云娣、朱薇、朱晓峰。

水稻工厂化基质育秧技术规程

1　范围

本标准规定了水稻工厂化基质育秧的术语和定义、育秧设备及技术标准、操作流程、育秧技术、起运秧、育秧档案等技术要求。

本标准适用于机插水稻工厂化基质硬盘育秧。

2　规范性引用文件

下列文件对于本文件的应用是必不可少的。凡是注日期的引用文件，仅注日期的版本适用于本文件。凡是不注日期的引用文件，其最新版本（包括所有的修改单）适用于本文件。

GB/T 3543.4　农作物种子检验规程发芽试验

GB 4404.1—2008　粮食作物种子禾谷类

GB 8172　城镇垃圾农用控制标准

NYJ/T 06—2005　连栋温室建设标准

3　术语和定义

下列术语和定义适用于本文件。

3.1　工厂化基质育秧

以基质作为育秧介质，采用机械化流水线播种，在温室内进行单层或层架式（多层）集中育秧的一种育秧方式。

3.2 育秧架

在温室内放置秧盘进行育苗和炼苗的层架式设备。

3.3 硬盘育秧

用塑料硬盘育秧的方法。

3.4 机械化流水线播种

用机械代替手工完成水稻盘育秧的铺土、洒水、播种、覆土等工序的一种播种方式。

4 育秧设备及技术标准

4.1 育秧温室标准

4.1.1 建设标准

以连栋温室为宜，符合 NYJ/T 06—2005 连栋温室建设标准。可选用 GLP－832 型连栋温室（带遮阳网）或其改进型作为育秧厂房。

4.1.2 主要配置

配置温室基础、主体框架、手动卷膜顶开窗、手动卷膜侧开窗、电动齿轮/齿条传动外遮阳、防虫网、喷滴灌设备等。

4.1.3 主要参数

一般温室跨度 8m、间距 4m、拱间距 1m、肩高 3m、顶高 5m、外遮阳高 5.5m。

4.1.4 排列方式

温室东西长、南北长可根据生产需要和实际情况自由组合，一般东西长40m～56m，南北长 48m～60m，单个育秧温室面积在 $2500m^2$ 左右。

4.2 基质指标

4.2.1 一般要求

经过堆制发酵等无害化处理，材料均匀一致、性能稳定。

4.2.2　外观和嗅觉

质地疏松、无结块、无异臭味、无明显可见杂物、颗粒均匀，一般为棕色或褐色。

4.2.3　理化指标

基质的理化指标应符合表1的要求。

表1　基质的理化指标

项　目	指　标
颗粒组成（mm）	2.5 > φ≥1.0
容重（g/cm^3）	0.10 ~ 0.80
总孔隙度（%）	70 ~ 90
通气孔隙度（%）	10 ~ 40
持水孔隙度（%）	> 45
气水比	1：(1 ~ 5)
相对含水量（%）	≤36.0
吸水性	即时吸收
粒径大小（mm）	≤2.5
pH	6.5 ~ 7.5
电导率（EC）（mS/cm）	1.3
阳离子交换量（以 NH4 + 计）（cmol/kg）	> 15.0
有机质（%）	≥15.0
氮、五氧化二磷、氧化钾总量（mg/kg）	200
最低养分含量（mg/kg）	20

4.2.4　安全指标

有害生物和重金属指标应符合 GB 8172 的规定。

4.2.5　出苗率

破胸后播种，出苗率不低于85%。

4.3　秧苗指标

4.3.1　成苗密度

平均每1cm^2成苗数，常规粳稻2.0株～2.5株，杂交稻1.2株～1.5株。

4.3.2　秧苗质量

秧龄12天～14天，叶龄2.0叶～2.5叶，苗高12cm～17cm。秧苗均匀整齐，苗体粗壮，清秀无病，无黑根黄叶。单株秧苗根数不少于5条。

4.3.3　秧块

秧块基质层厚度均匀一致，秧块四角垂直方正，不应缺角、断边，根系盘结力好，提起不散。

5　操作流程

操作流程如图1所示。

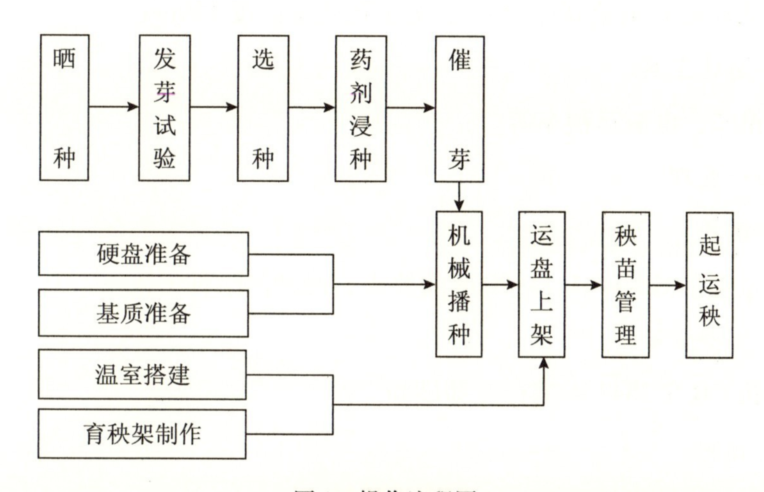

图1　操作流程图

6　育秧技术

6.1　材料准备

6.1.1　育秧硬盘

硬盘用于毯状秧苗的培育，内腔尺寸为58cm×28cm×3cm（9寸盘）。每亩机插秧，常规粳稻备足25张～28张，杂交稻22张～25张。

6.1.2　相关药剂

浸种药剂：17%“杀螟丹·乙蒜素”（菌虫清）可湿性粉剂，25%吡虫啉（大公平）可湿性粉剂。起身药剂：40%“氯虫·噻虫嗪”（福戈）水分散粒剂，32.5%“嘧菌酯·苯醚甲环唑”（阿米秒收）悬浮剂。

6.1.3　育秧播种机

云马2BL-280A等型号水稻盘育秧播种机。

6.1.4　育秧架

层架式育秧的，须自制育秧架。秧架以3层为宜，一般底层离地高度10cm，中间层（可活动层）离地高度90cm，最上层离地高度150cm。

6.1.5　运秧工具

平板手推车、电瓶运秧车等。

6.2　种子处理

6.2.1　晒种

种子质量符合GB 4404.1—2008的要求，浸种前晒种1天～2天。

6.2.2　发芽试验

浸种前按GB/T 3543.4进行发芽试验。

6.2.3　选种

清水选种，捞除不饱满粒，选用饱满稻种。

6.2.4　药剂浸种

药剂浸种防治恶苗病和干尖线虫病等种传病害。可用17%“杀螟丹·乙蒜素”（菌虫清）可湿性粉剂15g+25%吡虫啉（大公平）可湿性粉剂4g，兑水4kg～5kg，浸种3kg～4kg。浸种时间长短视气温、品种而定，以种子吸足水分为宜，即达到谷壳透明、米粒腹白可见、米粒易折断无响声。

6.2.5　催芽

将吸足水的种子在35℃～38℃下进行保湿催芽到破胸，必要时应翻拌补水，破胸露白率达90%。催芽后置阴凉处，摊晾炼芽4h～6h。

6.3　播种

6.3.1　播种期

根据水稻品种特性、安全齐穗期及茬口确定播期。一般可根据大田腾茬时间，按照秧龄12天～14天倒推播种期。做好分期播种，防止超龄移栽。

6.3.2　播种量

采用机械化流水线播种，一次性完成秧盘输送、铺土、喷水、播种、覆土等作业过程。播前用20张～30张空盘试播，调节至常规粳稻盘播芽谷130g～150g，杂交稻80g～100g。

6.3.3　基质厚度

调节基质排出量，秧盘内底部基质厚度控制在2.0cm～2.5cm，盖籽基质厚度0.3cm～0.5cm（以盖没芽谷为准）。

6.3.4　喷水量

调节喷水量，以秧块底墒淋透、表面不积水为准。

6.3.5　运盘上架

播好种的秧盘整齐叠放在平板手推车上送至温室内。单层育秧的，将秧盘对齐平放在地面上。层架式育秧的，将秧盘堆放在育秧架上，早播的放上层，晚播的放中层、下层。

6.4 苗期管理

6.4.1 温度管理

温室内平均气温较室外高3℃以上，因此温度管理一般以降温为主。可通过打开棚门、裙膜、天膜、启动室内排风扇等方式加大空气对流，以降低温度。若遇高温天气，应适时覆盖遮阳网降温，确保出苗、齐苗期温度控制在30℃～32℃，一叶一心期温度控制在25℃～30℃，二叶一心期温度控制在20℃～25℃。

6.4.2 水分管理

播后至一叶一心期保持湿润，一叶一心期后控水，移栽前2天断水炼苗。为减少气温与水温的温度差，补水时间宜在日出前或日落后。为控制秧苗过快生长，促进根系盘结，控水标准为不卷叶不补水。层架式育秧的应根据天气和秧苗生长情况分层进行水分管理。

6.4.3 增光措施

层架式育秧的可采用分层播种法、位移法等方法增加光照。分层播种法即每层播种间隔时间1天～3天，达到每层秧苗移栽前有1天～3天较充足的光照；位移法即通过中间层的移动，使秧苗在过道内接受阳光照射。

6.4.4 肥料管理

秧苗生长正常，叶色浓绿的可免施肥料。

6.4.5 病虫害防治

移栽前2天～3天用好起身药，防治螟虫、稻蓟马、灰飞虱、苗稻瘟病等常见性病虫害。每亩秧田可用40%“氯虫·噻虫嗪”（福戈）水分散粒剂10g+32.5%“嘧菌酯·苯醚甲环唑”（阿米秒收）悬浮剂40mL，兑水30kg～40kg小机喷雾。

7　起运秧

根据机插时间和进度安排起秧时间，随运随栽。层架式育秧的要小心卷苗脱盘，单层育秧的要先连盘带秧一并提起，慢慢拉断穿过秧盘底孔的少量根系，再卷苗脱盘，保证秧块不变形、不断裂，秧不折断，不伤苗。将秧块卷起后放在电瓶运秧车或卡车上，运至田边平放并遮盖。

8　育秧档案

8.1　气象资料

记录育秧全过程每天温度、湿度及特殊天气状况。

8.2　投入品

记录肥料、农药种类、用量、使用时间及方法等。

8.3　技术措施

记录育秧过程中各项管理、调节措施及苗情数据。

ICS 65.020.20

B05

DB 3205

苏州市农业地方标准

DB3205/T 224—2014

水稻地方品种苏御糯种质资源种植保存技术规程

2014-12-31 发布　　2015-01-01 实施

苏州市质量技术监督局　发布

前 言

苏御糯，为太湖地区地方糯稻品种，其株型紧凑，分蘖成穗率低，叶片长，叶色绿，耐肥抗倒性弱，株高 130cm 左右，全生育期 135 天；穗型弯曲，着粒稀，每穗总粒数 80 粒～100 粒，千粒重 35g～38g，粒大饱满，色泽乳白，糯性适中，香味浓郁；其米质理化指标：胶稠度 139mm，蛋白质含量 10.5%，直链淀粉含量 1.61%。

苏御糯种植历史悠久，以专供皇室御用而得名。由于种植年代久远，受自然变异、机械混杂等影响，加上种植过程中缺少有效的选择保纯措施，苏御糯的优良种性和纯度，随着种植世代的增加，发生了严重退化。苏州市种子管理站采用“二年二圃制”原种繁殖程序，对苏御糯开展“提纯复壮”“保纯保优”工作，并借助 DNA 指纹鉴定技术，淘汰变异植株。经过连续数年的提纯保优，苏御糯品种的纯度和优良种性得到恢复。为促进“名、特、优”地方品种苏御糯的种质资源保护，规范苏御糯种子繁殖体系，保护其原有的特征特性，扩大生产应用，特制定本标准。本标准中的主要技术要求，是依据地方优质稻种质资源保护项目实施的研究成果而制定的。

本标准的制定参考了 GB/T 17316—2011《中华人民共和国国家标准水稻原种生产技术操作规程》。

本标准根据 GB/T 1.1—2009 给出的规则起草。

本标准附录 A 和附录 B 为规范性附录。

本标准由苏州市农业委员会提出。

本标准起草单位：苏州市种子管理站。

本标准主要起草人：周建明、朱正斌、林一波、沈雪林、戴华军、曹敏旭、吴锡清。

水稻地方品种苏御糯种质资源种植保存技术规程

1 范围

本标准规定了水稻地方品种苏御糯种质资源种植保存技术术语和定义、种植保存和建立档案。

本标准适用于水稻地方品种苏御糯原种生产。

2 规范性引用文件

下列文件对于本文件的应用是必不可少的。凡是注日期的引用文件，仅注日期的版本适用于本文件。

凡是不注日期的引用文件，其最新版本（包括所有的修改单）适用于本文件。

GB/T 3543 （所有部分）农作物种子检验规程

GB 4404.1 粮食作物种子第一部分：禾谷类

GB/T 17316 水稻原种生产技术规程

NY/T 1300 农作物品种区域试验技术规范水稻

NY/T 1433 水稻品种鉴定技术规程 SSR 标记法

3 术语和定义

下列术语和定义适用于本文件。

3.1 种质资源圃

经搜集并经多年提纯复壮建立的苏御糯种质资源选种圃（株行圃和原种圃）。

3.2　种植保存

通过种植繁殖的方式，连续提高种质资源的数量和质量，保持种质资源种子（或繁殖器官）的生活力。

3.3　株行圃

当选单株分别种植成株行，并设置对照，即为株行圃。

3.4　原种

用种质资源圃的种子繁殖的第一代至第三代达到原种质量标准的种子。

4　种植保存

4.1　方法

采用二年二圃制改良混合选择法，即在单株选择的基础上建立的二圃（株行圃和原种圃）。

4.2　单株选择

4.2.1　种子来源

在种质资源圃（株行圃和原种圃）中选择。有条件的可设置单株选择圃，单株选择圃的技术规程见附录 A。

4.2.2　选择原则

当选单株应符合苏御糯的典型性、一致性、稳定性，包括叶姿、株型、穗型、粒型、叶色、叶鞘色、颖色、芒的有无、稃尖色，生育期和稻米外观品质，具体指标见附录 B。

4.2.3　选择时期

抽穗期进行初选，成熟期逐株复选，收获后室内决选。

4.2.4　选择数量

参照下季计划的株行数量和原种圃面积而定。田间初选数量应为决选数量的两倍。

4.2.5 选择方法

4.2.5.1 齐穗期初选

主要根据齐穗期、株高、株型、叶型、穗型、叶色、叶鞘色、颖色、稃尖色、芒的有无、芒色等进行初选，做好标记。不在边行和缺株周围选择。

4.2.5.2 成熟期复选

主要根据成熟期、株高、有效穗、整齐度、株型、叶型、穗型、粒型、叶色、颖色、稃尖色、芒的有无和芒色、抗倒性、转色等进行复选，连根拔起，收获单株。

4.2.5.3 室内决选

将入选单株分株扎把，挂藏干燥后，根据株高、穗长、穗粒数、结实率、粒型、千粒重、稻米外观品质、香味等性状进行决选。

4.2.6 当选株处理

当选单株分别编号、脱粒、干燥、装袋、收藏。严防株间混杂、鼠虫危害及霉变。

4.3 株行圃

4.3.1 种子来源

上季度当选单株种子，对照采用原种。

4.3.2 田间设计

4.3.2.1 选择隔离条件好、无检疫性病虫害、土壤肥力中上等、地力均匀一致、灌排方便、旱涝保收的田块。

4.3.2.2 绘制田间种植图，各单株按编号顺序排列，分区种植，逢10设一对照。秧田每个单株各播一小区，小区间留走道；本田每个单株种植成一个小区，小区长方形，长宽比 3∶1 左右，保证各小区面积、移栽时间、栽插密度一致，确保相同的营养面积，单本栽插，四周设同品种保护行（不少于 3 行）。

4.3.2.3　田间隔离要求亚种内距离不少于 20m，亚种间不少于 200m；时间隔离要求扬花期错开 15 天以上。

4.3.3　田间管理

播种前种子应经药剂处理。浸种、催芽、播种、移栽、肥水运筹、防病治虫等各项措施保持一致，在同一天完成。拔秧移栽时每个单株一个标牌，随秧苗运到本田，按照田间种植图和编号顺序排秧栽插。

4.3.4　观察记载

4.3.4.1　总则

田间记载标准应固定专人负责，按照 NY/T 1300 观察记载要求按株进行，做到及时准确，及时去除变异单株和淘汰变异株行，并做记录。记载标准见附录 B。

4.3.4.2　秧田期

记载播种期、叶姿、叶色、整齐度。

4.3.4.3　本田期

分蘖期记载叶色、叶姿、叶鞘色、分蘖力、整齐度、抗逆性；抽穗期记载始穗期、齐穗期、抽穗整齐度，株型、穗型、叶色、叶姿；成熟期记载成熟期、株高、株型、穗数、穗型、粒数、粒型、颖色、稃尖色、芒的有无、芒的长短、整齐度、抗倒性、转色等。

4.3.5　DNA 指纹鉴定

为提高田间识别的准确性，株行选择时可同时辅助 DNA 指纹鉴定。以秧田期水稻叶片为 DNA 鉴定材料，按照 NY/T 1433 进行 DNA 指纹鉴定。

4.3.6　选择标准

当选株行间 DNA 指纹鉴定一致，性状表现整齐一致，具备苏御糯的典型性。齐穗期、成熟期与对照相比 1 天范围内；株高与对照相比 1cm 范围内；植株和穗型的整齐度好。

4.3.7　收获方法

收获前进行田间综合评定，当选株行区确定后，将保护行、对照小区、淘汰株行先行收割，收割完再次逐一复核当选株行，将当选株行种子混合收割、脱粒、贮藏，严防鼠虫危害及霉变。

4.4　原种圃（田）

4.4.1　种子来源

上季混收的株行圃种子。

4.4.2　田间设计

要求田块集中连片，隔离要求同 4.1.3.2。

生产操作、管理，参照 GB/T 17316 执行。

4.4.3　田间管理

种子播前进行药剂处理，稀播壮秧；大田采取单本栽插；增施有机肥，合理使用氮、磷、钾肥，促秆壮粒饱；每亩施用纯氮量一般不超过 15kg，防倒伏，及时防治病虫草害。

4.4.4　观察记载

各生育期阶段及时观察记载，及时拔除异型株、病劣株，并携带出田。

5　建立档案

做好种植保存管理记录，并及时归纳整理。通过数据、文字描述和图像记录，建立品种特征特性、种植保存技术的档案资料，供今后查阅参考。

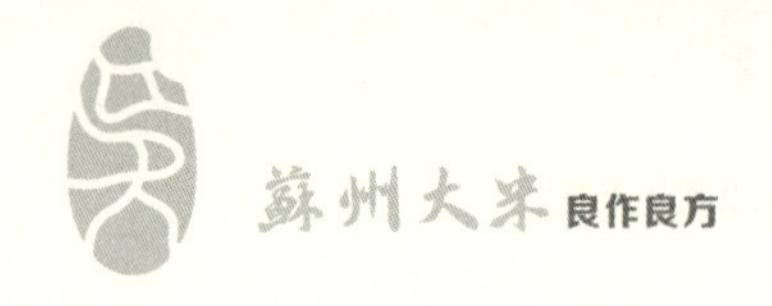

附　录　A

(规范性附录)

单株选择圃

A.1　选择圃的种子来源为种植资源圃的种子。

A.2　播种前种子进行药剂处理，稀播精管，培育适龄壮秧。

A.3　选择均匀整齐的健壮秧苗，等距离单本栽插，每隔12行～18行留工作走道。

A.4　精细管理、措施一致、严防倒伏。

A.5　做好田间观察记载，及时去除变异株。

A.6　选择单株的时间、方法、标准等同4.2。

附　录　B
（规范性附录）
田间记载项目和室内考种方法

B.1　生育期

B.1.1　播种期：播种的日期（以“月/日”表示，下同）。

B.1.2　移栽期：移栽的日期。

B.1.3　始穗期：10%植株穗顶（不连芒）露出叶鞘日期。

B.1.4　齐穗期：80%植株穗顶（不连芒）露出叶鞘日期。

B.1.5　成熟期：95%以上谷粒黄熟，米质坚实，可以收获的日期。

B.2　形态特征

B.2.1　叶姿：分直挺、中等、披垂三级。披垂指叶片由茎部起弯垂超过半圆形；直挺指叶片直生挺立；中等指介于披垂与直挺之间。

B.2.2　叶色：分浓绿、中绿、淡绿，于分蘖盛期记载。

B.2.3　叶鞘色：分绿、淡红、红、紫色，于分蘖盛期记载。

B.2.4　株型：目测茎秆集散度，分紧凑、适中、松散。

B.2.5　穗型：

（1）目测小穗与枝梗及枝梗之间的密集程度，分密穗型、半密穗型、疏穗型；

（2）目测穗的弯曲程度，分直立穗型、半直立穗型、弯穗型。

B.2.6　穗长：穗颈节至穗顶（不含芒）的长度，以“cm”表示。

B. 2. 7　粒型：目测，分短圆型、阔卵型、椭圆型、细长型。

B. 2. 8　芒：

（1）目测芒长，分无芒（穗顶没有芒或芒极短）、顶芒（穗顶有芒，芒长在10mm以下）、短芒（部分或全部小穗有芒，芒长在10mm～15mm）、长芒（部分或全部小穗有芒，芒长在25mm以上）四种；

（2）目测芒色，分黄、红、紫色等。

B. 2. 9　颖色、稃尖色：目测，分黄、红、紫色等。

B. 2. 10　株高：以一穴之最高穗为准。从地面至穗顶端（不连芒），收获前田间测定，连续量10穴，以“cm”表示。

B. 3　生物学特征

B. 3. 1　抗倒力：记载倒伏时间、原因、面积、程度。倒伏程度分直（植株与地面成75度角至90度）、斜（植株与地面成45度至75度）、倒（植株与地面成45度以下至穗顶部触地）、伏（植株贴地）；根据倒伏情况，对抗倒性进行评述，分好（伏、倒、斜总面积≤5%）、中（伏、倒、斜总面积5%～20%）、差（伏、倒、斜总面积20%以上）表示。

B. 3. 2　分蘖力：目测比较分强、中、弱三级。

B. 3. 3　抽穗整齐度：抽穗期目测，分整齐、中等、不整齐三级。

B. 3. 4　植株整齐度：目测植株间的整齐度，分整齐、中等、不整齐三级。

B. 3. 5　熟期转色：成熟期目测，根据叶片、茎秆、谷粒色泽，分好、中、差三级。

B. 3. 6　稻米外观品质：观察垩白粒率与垩白度，与原品种的品质指标是否整齐一致。

B.4 经济性状

B.4.1 有效穗：结实超过5粒的穗计作有效穗（包含因虫害而造成的白穗）。收获前调查2个重复，共20穴，计算单株（每穴）穗数。每亩有效穗数 = 单株（每穴）穗数 × 每亩株数（穴数）。

B.4.2 每穗总粒数：包括实粒和空秕粒的总数。

B.4.3 结实率：每穗实粒数/每穗总粒数 × 100%。

B.4.4 千粒重：1000粒实粒（含标准含水量）的重量，以“g”表示。

B.4.5 单株籽粒重：单株总实粒（含标准含水量）的重量，以“g”表示。

B.4.6 丰产性：植株产量性状的好坏，分好、中、差三级。

ICS 65.020.20

B 05

DB 3205

苏州市农业地方标准

DB3205/T 240—2016

水稻育秧基质生产技术规程

2016-12-31 发布 2017-01-01 实施

苏州市质量技术监督局 发布

前 言

利用农业有机废弃物生产水稻育秧基质，替代自然土壤等进行水稻育秧，不但能解决废弃物处理难题，促进农业有机废物循环利用的产业化发展，还能促进水稻机械化育秧的发展，保护自然生态环境。

为规范有机废弃物在水稻育秧基质上的生产应用，特制定本标准。

本标准按照 GB/T 1.1—2009《标准化工作导则第 1 部分：标准的结构和编写》编制。

本标准的附录 A、B、C、D 均为规范性附录。

本标准由苏州市农业委员会提出。

本标准主要起草单位：苏州农业职业技术学院、太仓市土壤肥料站、太仓绿丰农业资源开发有限公司、南京江南水乡环保科技有限公司。

本标准主要起草人：马国胜、陈娟、沈文忠、陈伟、何胥、周春玮、严宏伟、高深、叶俊涛。

水稻育秧基质生产技术规程

1　范围

本标准规定了水稻育秧基质的相关术语和定义、生产工艺、技术要求、指标测定、产品检验、包装、标识、贮存及运输等内容。

本标准适用于以农产品生产加工与生物发酵后的有机废弃物为主要原料，经粉碎、混配、发酵、腐熟、加工制成的水稻专用育秧基质。

2　规范性引用文件

下列文件中的条款通过本标准的引用而成为本标准的条款。凡是注日期的引用文件，其随后所有的修改单（不包括勘误的内容）或修订版均不适用于本标准，然而，鼓励根据本标准达成协议的各方研究是否可使用这些文件的最新版本。凡是不注日期的引用文件，其最新版本（包括所有的修改单）适用于本标准。

GB 4404.1—2008　粮食作物种子第1部分：禾谷类

GB/T 6679—2003　固体化工产品采样通则

GB 7959—2012　粪便无害化卫生要求

GB/T 8170—2008　数值修约规则与极限数值的表示和判定

GB 8172—1987　城镇垃圾农用控制标准

GB/T 8571—2008　复混肥料实验室样品制备

GB 18382—2001　肥料标识内容和要求

LY/T 1228—2015　森林土壤氮的测定

LY/T 1239—1999 森林土壤 pH 值的测定

LY/T 1243—1999 森林土壤阳离子交换量的测定

LY/T 1970—2011 绿化用有机基质

NY 525—2012 有机肥料

NY/T 300—1995 有机肥料速效磷的测定

NY/T 301—1995 有机肥料速效钾的测定

农业部令（第 32 号）肥料登记管理办法

3 术语和定义

下列术语和定义适用于本文件。

3.1 水稻育秧基质（以下称“基质”）

采用农业及相关行业有机废弃物为主要原料（如酒糟、醋糟、木屑、砻糠、稻糠、秸秆、豆粕、蘑菇渣、椰糠等），经粉碎、配制、发酵、腐熟，与无机基质（如蛭石、珍珠岩等）混合、加工后制成的育秧专用有机无机混合基质。

3.2 基质通气孔隙度

指基质中空气所占据的空间，以相当于基质体积的百分数（%）表示。

3.3 基质持水孔隙

指基质中水分所占据的空间，在一定程度上反映了基质的保水力，以相当于基质体积的百分数（%）表示。

3.4 基质总孔隙度

指基质中所有孔隙（持水孔隙和通气孔隙）的总和，以相当于基质体积的百分数（%）表示。

3.5 杂物

在基质中残留的水泥、石子、塑料、金属、木棍、树枝、橡胶、玻璃、纸片、布条等无法分解或难以发酵腐熟的各类物质。

4　生产工艺

4.1　主要原料

将农业生产与农产品加工产生的有机废弃物，如糟渣类、木屑、椰糠、秸秆、稻糠、蘑菇渣、豆粕等，与轻质无机基质，如蛭石等，按照科学比例配制。推荐比例为：酒糟、醋糟等糟渣类农产品加工有机废物以40%～60%为宜，木屑、椰糠等农业生产有机废弃物以20%～30%为宜，秸秆、稻糠等农业生产有机废弃物以5%～10%为宜，蘑菇渣、豆粕等农业生产加工有机废弃物以10%～20%为宜，蛭石等轻质无机基质以5%～10%为宜，均为体积比。也可为经生产实践验证的其他科学比例。

4.2　原料加工

原料含水量≤50%，细沙和泥土含量≤10%，秸秆等废弃物长度≤5cm，若超过上述要求，需视情况进行相应的初加工。应剔除原料中的杂质。

4.3　发酵腐熟

好氧发酵，可采用槽式发酵或条垛式发酵。腐熟时堆温降低，物料疏松，无臭味和异味，尤其不能有氨味。

4.4　配制检测

在有机基质充分腐熟后，添加蛭石等轻质无机基质，添加比为5%～10%（体积比），混合均匀，检测各项指标。

4.5　产品包装

生产检测合格后，按容量进行产品包装入库。出厂前再次抽样检测。

5　技术要求

5.1　外观

基质为褐色至灰白色，短纤维状颗粒，颗粒均匀，手感松软，无结块，无明显可见杂质，无异臭味，性质稳定。

5.2 理化指标

基质的理化指标应符合表1的要求。

表1 水稻育秧基质理化指标

项 目	指标
粒径（mm）	1.5～2.5
杂物（%，粒径≤2mm）	≤1
细沙和泥土含量（%）	≤10
容重（g/cm^3）	0.15～0.35
总孔隙度（%）	70～90
通气孔隙度（%）	10～20
持水孔隙度（%）	>70
气水比	1：3～15
相对含水量（%）	≤50
pH	6.5～8.0
电导率（mS/cm）	1.1～1.8
阳离子交换量（mol/kg）	>25
有机质（%）	>30
水解性氮、速效磷、速效钾总含量（mg/kg）	50～200

5.3 安全指标

有害生物和重金属指标应符合 GB 8172—1987 和 NY 525—2012 的规定，同时不得检出传染性病原菌。

5.4 出苗率

水稻种子发芽率在90%以上时，出苗率不小于90%。

6 产品检验

6.1 抽样

6.1.1 检验组批

同一原料、同一工艺、同一规格、同一时段生产的产品为一批。

6.1.2 抽样检验

6.1.2.1 产品抽样

（1）每批产品总袋数不超过 512 袋时，抽样数量应符合表 2 的要求。

表 2 基质产品抽样方法

总袋数	最少取样袋数	总袋数	最少取样袋数	总袋数	最少取样袋数
1 ~ 10	全部袋数	102 ~ 125	15	255 ~ 296	20
11 ~ 49	11	126 ~ 151	16	297 ~ 343	21
50 ~ 64	12	152 ~ 181	17	344 ~ 394	22
65 ~ 81	13	182 ~ 216	18	395 ~ 450	23
82 ~ 101	14	217 ~ 254	19	451 ~ 512	24

（2）每批产品总袋数超过 512 袋时，取样袋数按公式（2）计算：

$$取样样袋（n）=3 \times \sqrt[3]{N} \qquad (2)$$

式中：

N——每批取样总袋数。

（3）散装产品取样时，按 GB/T 6679—2003 规定进行。

（4）将抽出的样品袋平放，每袋从最长对角线插入取样器到四分之三处，取不少于 100g 的样品，每批抽取样品总量不少于 2kg。

6.1.2.2 样品缩分

将选取的样品迅速混匀，用四分法将样品缩分到1000g，分装于三个干净的广口瓶中，密封、贴上标签，注明生产企业名称、产品名称、批号、取样日期、取样人姓名，一瓶供物理分析，一瓶风干检验，一瓶保存2个月，以备查用。

6.2 检测方法

6.2.1 外观检测

手摸、目视与鼻嗅测定。

6.2.2 理化指标检测

基质的理化指标检测分析方法应符合表3的要求。

表3 理化指标检测分析方法

序号	项目	检测方法	采用标准
1	容重	环刀法	见附录A
2	孔隙度	环刀法	见附录B
3	相对含水量	烘干法	见附录C
4	阳离子交换量	交换法	LY/T 1243
5	pH值	玻璃电极法	LY/T 1239
6	EC值	电导法	附录D
7	有机质	重铬酸钾容量法（100℃水浴）	NY 525
8	水解性氮	碱解扩散法	LY/T 1228
9	速效磷	柠檬酸浸提钒钼黄比色法	NY/T 300
10	速效钾	硝酸浸提火焰光度法	NY/T 301
11	粒径	筛分法	LY/T 1970
12	杂物	质量法	LY/T 1970
13	粪大肠菌群	发酵法	GB 7959
14	蛔虫卵死亡率	显微镜法	GB 7959

6.2.3　出苗率的测定

6.2.3.1　供试种子标准：符合国标 GB 4404.1—2008，发芽率应达到 90%以上。

6.2.3.2　种子催芽：浸种 48h，温度 25℃～28℃，催芽 28℃～30℃，催 24h～36h 至破胸为止。

6.2.3.3　播种量：使用发芽盒，盒底打直径为 0.1cm 的孔，随机播种芽谷 100 粒。

6.2.3.4　播种：底层基质厚度 2.4cm～2.6cm，浇足水后均匀播种，然后用基质覆盖，覆盖厚度为 0.4cm～0.6cm。

6.2.3.5　管理：将播种好的发芽盒置于种子发芽箱内，温度 28℃～30℃，湿度保持 80%，出苗前保持基质湿润，出苗后发现叶片卷曲用 30℃温水进行补水。

6.2.3.6　检测时期：播种后 7 天。

6.2.3.7　出苗率：秧苗达到一叶一心为出苗。

$$X = C/K \tag{1}$$

式中：

X——出苗率，单位为百分率（%）；

C——每盘出苗数，单位为个；

K——每盘播种粒，单位为个。

6.3　出厂检验

每批产品应经过生产企业质量检验部门检验合格，并附产品质量说明书方可出厂，质量说明书包括以下内容：企业名称、产品名称、批号、产品净重、养分总含量、生产日期和本标准号。出厂检验项目为 5.1 和 5.2。

6.4　型式检验

6.4.1　型式检验在每年的生产季节中进行1次～2次。

6.4.2　型式检验项目为本标准规定的全部项目。有下列情况之一时，亦应进行型式检验：

a）每年开始生产时。

b）当原料或配方有较大变动时。

c）质量监督机构提出型式检验要求时。

6.5　判定规则

6.5.1　当出厂检验结果与型式检验结果有较大差异或检验结果中有一项指标不符合本标准要求时，可从该产品中加倍抽样对不合格项目进行复检，并以复检结果为准；复检结果不合格，判定该批产品为不合格。

6.5.2　本标准中质量指标合格判断，采用GB/T 8170—2008中的修约值比较法。

6.5.3　如供需双方对产品质量发生异议，需要仲裁时，按《产品质量仲裁检验和产品质量鉴定管理办法》的有关规定执行。

7　包装、标识、贮存和运输

7.1　包装

基质用内衬聚乙烯内袋的覆膜编织袋或塑料编织袋包装。每袋净含量（80±0.5）kg、（50±0.5）kg。

7.2　标识

应符合GB 18382—2001和农业部令（第32号）。

7.3　贮存和运输

基质应贮存于阴凉干燥处，在运输过程中应防潮、防晒、防破裂。

附　录　A
（规范性附录）
基质容重测定方法

A.1　方法要点

用环刀量取一定体积的基质，烘干称重，求干基质质量。

A.2　主要仪器设备

环刀、分析天平（感量0.01g）、鼓风干燥箱、削土刀。

A.3　操作步骤

将新鲜基质样品均匀装入套有底盖的环刀（环刀体积 V，环刀和底盖质量 m）中，基质填装量略高于环刀上表面2cm左右，用质量65g的小圆盘压在基质上，3min后取走小圆盘，削去高出环刀上底的多余基质，称取环刀和基质质量（M）。然后，置鼓风干燥箱中105℃烘干4h，立即置于干燥器中自然冷却，称取环刀和基质质量，并计算基质相对含水量（W）。重复3次～4次。

A.4　结果计算

按式（A.1）计算。

$$y = (M - m) * (1 - W) / V \qquad (A.1)$$

式中：

y——容重，单位为克每立方厘米（g/cm^3）；

M——环刀装满新鲜基质后的质量，单位为克（g）；

m——环刀的质量，单位为克（g）：

W——相对含水量，单位为百分率（%）；

V——环刀的体积，单位为立方厘米（cm^3）；

A.5　取值

计算结果应保留3位有效数字，最终测定结果是多次重复的平均值。

附　录　B

（规范性附录）

基质总孔隙度测定方法

B.1　方法要点

根据基质可容纳水分的体积，计算基质孔隙度。

B.2　主要仪器设备

环刀（容积为100cm^3）、塑料方盒（5L）、烧杯、漏斗、滤纸、分析天平（感量0.01g）。

B.3　操作步骤

B.3.1　填装基质

将环刀底部用不带孔的底盖扣紧，从上部装入风干基质，然后扣上带孔的顶盖，称重（W_1）。基质填装紧实度应接近育苗时基质紧实状态。

B.3.2　浸泡

带孔的顶盖居上，将环刀放入盛水的塑料方盒中浸泡24h，取出后用吸水纸擦掉环刀外表面的水，立即称重（W_2）。浸泡时，水位线应高出环刀顶盖2cm。

B.3.3　排水

将环刀带孔的顶盖朝下，倒置在铺有滤纸的漏斗上，静置3h，用干净烧杯搜集从基质中自由排出的水分，直至没有水分渗出为止，称环刀、基质及其中持有水的总重（W_3）。重复3次～4次。

B.4 结果计算

按式（B.1）、式（B.2）、式（B.3）计算。

$$TP = W_2 - W_1 \tag{B.1}$$

$$AP = W_2 - W_3 \tag{B.2}$$

$$WHP = TP - AP \tag{B.3}$$

式中：

TP——基质总孔隙度，单位为百分数（%）；

W_2——充分吸水后，环刀、基质和水的质量，单位为克（g）；

W_1——环刀和风干基质的质量，单位为克（g）；

AP——基质通气孔隙度，单位为百分数（%）；

W_3——经过环刀倒置排水后，环刀、基质及其中持有水的质量，单位为克（g）；

WHP——基质持水孔隙度，单位为百分数（%）。

B.5 取值

最终测定结果是多次重复的平均值。

附　录　C

（规范性附录）

基质相对含水量测定方法

C.1　方法要点

用铝盒量取一定质量的基质，烘干称重，求水分含量。

C.2　主要仪器设备

鼓风干燥箱、分析天平（感量0.01）、铝盒、干燥器。

C.3　操作步骤

C.3.1　取干燥、洁净的铝盒，标号并称取铝盒质量（W_1）。

C.3.2　将待测新鲜基质填装到铝盒中，并敲击铝盒外壁，基质填装紧实度应接近育苗时基质紧实状态，削去高出铝盒上表面的多余基质，称取铝盒和基质质量（W_2）。

C.3.3　将装有基质的铝盒放入鼓风干燥箱中，105℃烘干4h，然后取出，立即置于干燥器内，冷却至室温，再称取铝盒和基质质量（W_3）。重复3次～4次。

C.4　结果计算

按式（C.1）计算。

$$RWC = (W_2 - W_3)/(W_2 - W_1) \times 100\% \quad (C.1)$$

式中：

RWC——基质相对含水量，单位为百分率（%）；

W_1——铝盒质量，单位为克（g）；

W_2——铝盒和新鲜基质的质量，单位为克（g）；

W_3——铝盒和烘干基质的质量，单位为克（g）。

C.5　取值

最终基质相对含水量是多次重复的平均值。

附　录　D
（规范性附录）
基质电导率测定方法

D.1　原理

根据基质：水 =1：10（质量比）形成液体介质，通过液体介质中正负离子移动导电的原理，用欧姆率表示液体的电导率。

D.2　主要仪器设备

电导率仪、分析天平（0.01g）、恒温摇床、托盘天平（100g）、移液枪（5mL）、高速离心机、恒温水浴箱。

D.3　测定步骤

D.3.1　待测液的浸提

用分析天平称取通过2mm筛孔的风干基质样品20g，放入250mL三角瓶中，按基质：水 =1：10（质量比）的量，用量筒量取200mL超纯水，加入250mL三角瓶中；再将三角瓶放入恒温摇床，设置摇床温度使之与室温相同，转速200转/分，振荡30min后取出，放平静置10min；用移液枪将静置后的上清液吸入50mL离心管中，同时用托盘天平调节各离心管使之重量相同；将装有上清液的离心管放入高速离心机，设置温度使之与室温相同，转速4000转/分，离心10min后将其取出，放入25℃恒温水浴箱中，待测。

D. 3. 2　电导率仪的调试

将电导率仪电导电极安装在电极架上（使用前，将电导电极置于超纯水中浸泡数小时；经常使用的电极应贮存在超纯水中），接通电源，打开仪器电源开关，按下“测量”键，进入测量状态，使仪器预热 30min。预热完毕后，在测量状态下调节“电极常数”键至“1”（电导率范围：2μS/cm ~ 10. 00mS/cm）；调节“常数调节”键至电极标贴的电极常数（如：电极常数 = 0. 984）；调节“温度”键为“25℃”。

D. 3. 3　测定

用超纯水冲洗电导电极至少 3 次，并用吸水纸小心吸干电极上的残存水，将电极头完全放入待测液中，等读数稳定后记录数据。

D. 4　取值

以上实验至少重复测定 3 次，结果应取多次重复的平均值。

ICS 65. 020. 20

B 05

DB 3205

苏州市农业地方标准

DB3205/T 245—2016

优良食味晚粳稻安全栽培技术规程

2016－12－31 发布　　2017－01－01 实施

苏州市质量技术监督局 发布

前　言

本标准按照 GB/T 1.1—2009 给出的规则起草。

本标准由苏州市农业委员会提出。

本标准起草单位：苏州市农业科学院。

本标准主要起草人：朱勇良、谢裕林、乔中英、伍应保、陈培峰、黄萌、张建栋、赵泉荣。

优良食味晚粳稻安全栽培技术规程

1 范围

本标准规定了优良食味晚粳稻安全栽培技术，包括产地环境条件、优良食味晚粳稻品种选用、产量指标、病虫防治策略和肥药安全使用以及科学收储等。

本标准适用于苏州稻区优良食味晚粳稻的大田生产，生态和生产条件相似的地区可参照使用。

2 规范性引用文件

下列文件对于本文件的应用是必不可少的。凡是注日期的引用文件，仅所注日期的版本适用于本文件。凡是不注日期的引用文件，其最新版本（包括所有的修改单）适用于本文件。

GB 4285—1989　农药安全使用标准

GB 4404.1—2008　粮食作物种子 第1部分：禾谷类

NY/T 496—2010　肥料合理使用准则 通则

NY/T 5117—2002　无公害食品 水稻生产技术规程

NY/T 5295—2015　无公害农产品 产地环境评价准则

DB3205/T 212—2014　水稻工厂化基质育秧技术规程

3 术语和定义

下列术语和定义适用于本文件。

3.1　优良食味

稻米直链淀粉含量10%～15%，适口性好。

3.2　晚粳稻

全生育期160天～165天的粳型水稻品种。

4　产地环境条件

应符合NY/T 5295—2015的规定。

5　品种选用

抗条纹叶枯病，对稻瘟病有较好的抗耐能力，多粒大穗型或者穗粒兼顾型，早熟晚粳或者中熟晚粳品种。如苏香粳100、南粳46、南粳5055等。

6　产量指标

每667m^2有效穗20万～22万，每穗总粒100粒～130粒，结实率90%～95%，千粒重25g～28g，产量水平550kg/667m^2～615kg/667m^2。

7　种子处理

种子质量应符合GB 4404.1—2008的规定。晒种2天～3天后进行种子处理，用17%“杀螟·乙蒜素”可湿性粉剂250倍～300倍液浸种，48小时后捞出直接常温催短芽播种。

8　播种育秧

8.1　总则

采用播种机流水线定量播种，实现装盘、播种、覆土、浇水等一次性完成。育秧应结合各地实际情况，可以采用硬地硬盘育秧法或者工厂化育秧两种方法。

8.2　露地育秧

8.2.1　育秧材料准备

选用规格为58cm×28cm×3cm、底孔为圆形的合格硬盘，按实际用量配置，一

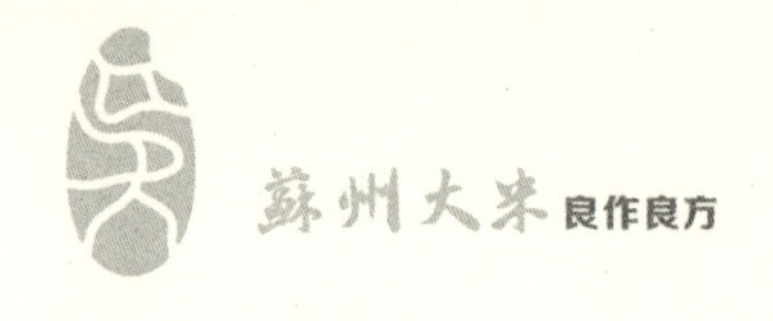

般每667m^2 大田用23张～25张。用菜园土、熟化的旱地土或冬翻冻融的稻田土，经粉碎、过筛，土粒直径小于5mm，按规定拌好壮秧剂作为营养土（盖籽土不拌壮秧剂）。或者选择经农技推广部门推荐的育秧专业基质和无纺布等。

8.2.2 机械流水线播种

将机播流水线安装在接近播后暗化场所，并接通电源、水源。调节基质料控制开关，使营养土（基质）装盘厚度2.0cm～2.2cm。调节盖籽土控制开关，使盖籽土（基质）厚度0.3cm～0.5cm，以盖籽均匀、不见种子为宜。调节播量控制开关，一般每秧盘播干种120g～130g。调节水量控制开关，浇足底水，以营养土（基质）饱和但水不溢出秧盘底孔为原则。

8.2.3 暗化齐苗

将播种好的秧盘叠放整齐，运入仓库内。以40张～45张硬盘叠为一堆，并在最上层覆盖一张空硬盘遮光；每堆间留出10cm间隙，保证通气，提高秧苗整齐度。一次性播种数量较大，库内中间可留出1.5m左右通道，便于硬盘搬运。暗化时间一般为2天左右，以稻谷整齐露白苗出土0.1cm左右为宜。

8.2.4 秧盘摆放

清扫选定的水泥场或水泥路面，将1m双幅薄膜撕开摊开，平整铺放在育秧场四周地上。根据场地大小、平整度等情况，四周用不锈钢方管或木条在薄膜下隔成相应的水槽区域，周边用砖块固定。同时，在一边留出排水口。秧盘摆出时间宜在阴天或者晴天下午3：00时以后。整齐横放2张暗化好的硬盘，形成秧畦，畦间留25cm～30cm宽的行走道。四周秧盘压在薄膜上。秧畦覆盖无纺布，边缘多余部分压在硬盘下进行固定。

8.2.5 秧池管理

用高压泵、软水管沿行走道灌水。二叶前，育秧槽内保持2cm左右水层，二叶期后保持基质湿润。雨天打开排水口，防止槽内水位过高。一叶一心期揭膜炼苗。普通硬地面育秧的，先平整压实地面，去除石子等硬物。整齐横放2张暗化好的硬盘，形成秧畦，畦间留25cm～30cm宽行走道。秧畦覆盖无纺布，边缘多余部分压在硬盘下进行固定。沿行走道铺设喷管，间距7m左右，喷头用角钢制成三脚架固定。育秧场地较大，可根据高压泵供水能力，设置成区域组阵，分片喷淋。喷淋水量以保持基质湿润为宜，一般每天上午、下午各一次。一叶一心期揭膜炼苗。

8.3 水稻工厂化基质育秧法

应符合DB3205/T 212—2014的规定。

9 大田栽培和管理

9.1 大田耕整

前茬作物收获后，先施有机肥并及时进行旋耕整地，旋耕前提前灌水，泡水2天以上。浅水旋耕掌握田面水层2cm～3cm，使用配套埋茬机械，耕深14cm～16cm，达到泥草充分混匀，田面没有残茬。耕翻后再施化肥，上水后耙田整平后需要沉实2天以上。

9.2 大田移栽

9.2.1 总则

移栽时间一般掌握在6月15日—20日，秧龄掌握15天～20天。栽插行距30cm，株距12cm左右，每667m^{2}栽1.7万穴～1.8万穴，每穴3苗～4苗，确保6万～8万基本苗。栽插时要求薄水现泥，切忌深水和栽插过深。

9.2.2 化学除草

大田栽插后采用“二封一补”的方法进行化除。第一封与第一次分蘖肥施用相结合，栽后3天～5天每667m^{2}用30%“苄·丙”微粒剂150g进行封杀，田间建立浅水层（水面不能没秧心），药后保水3天～4天。第二封与第二次分蘖肥施用相结合，栽后12天～15天，每$667m^2$用10%“丁·苄”微粒剂600g，拌入肥中均匀撒施，施药后保水3天～4天。7月中旬，视田间草情选用对应的茎叶处理剂进行针对性补除。

9.3 栽培管理

9.3.1 水分管理

栽插后保持浅水1cm～3cm促分蘖，秸秆还田田块在栽后2个叶龄期内有2次～3次露田；全田茎蘖数80%时，从轻到重实行多次搁田，使土壤沉实不陷脚；幼穗分化期，湿润灌溉；抽穗后灌跑马水干湿交替。收割前7天～10天断水。

9.3.2 合理施肥

提倡以商品有机肥为主，或者自制有机肥。普及和深化测土配方施肥，改进施肥方式，鼓励使用有机肥、生物肥料或绿肥种植。优良食味水稻的肥料使用提倡适氮、控磷、增钾。全生育期的肥料运筹掌握降低基蘖肥，诊断施用穗肥。

肥料使用：总用氮量控制在纯N16kg/$667m^2$～18kg/$667m^2$。其中：基肥使用农家肥1250kg/$667m^2$或生物有机肥100kg/$667m^2$、加45%复合肥20kg/$667m^2$、加碳铵20kg/$667m^2$或者尿素7.5kg/$667m^2$。栽后3天～5天第1次追施分蘖肥，使用尿素5kg/$667m^2$；栽后12天～15天第2次追施分蘖肥，使用尿素7.5kg/$667m^2$。7月底8月初使用45%复合肥20kg/$667m^2$、加尿素5kg/$667m^2$、生物钾1kg/$667m^2$。

9.3.3 绿色防控

9.3.3.1 指导思想

完善物理阻隔技术，有效控制水稻病毒病的发生，水稻机插秧田推行无纺布覆盖；优先选用生物农药，降低化学农药用量，提高生物农药使用比例；精确使用高效低毒低残留农药，提高病虫防治效果，水稻重大病虫高效低毒低残留农药使用比例达到90%以上。

9.3.3.2 防控重点

重点防控稻飞虱、螟虫、稻纵卷叶螟、病毒病、稻瘟病和纹枯病，重视防控稻曲病。

9.3.3.3 防控策略

稻飞虱：重点防治白背飞虱和褐飞虱，水稻孕穗前注重发挥天敌自然控害和植株补偿作用，减少用药。药剂防治重点在水稻生长中后期，防治指标为孕穗抽穗期百丛虫量800头以上，注意压前控后。优先选用对天敌相对安全的药剂品种，于低龄若虫高峰期对茎基部粗水喷雾施药，提倡使用高含量单剂，避免使用低含量复配剂。

稻纵卷叶螟：重点在水稻生长中后期防治主害代，卵期可人工释放稻螟赤眼蜂压低种群数量，卵孵化高峰期至低龄幼虫高峰期优先选用苏云金杆菌等生物农药防治，细水喷雾施药，防治指标为百丛水稻有束叶尖50个。

螟虫：因地制宜采取非化学防治措施，休闲田，于春季越冬代螟虫化蛹期翻耕灌水沤田，降低虫源基数；各代蛾期应用昆虫性信息素诱杀成虫，卵期释放稻螟赤眼蜂，幼虫期应用苏云金杆菌防治。药剂防治重点在水稻分蘖期和破口抽穗期，防止造成枯心和白穗。防治二化螟，分蘖期在枯鞘株率达到3%时施药，穗期在卵孵化高峰期施药，重点防治上代残存量大、当代螟卵盛孵期与水稻破口抽穗期相吻合的稻田。

稻瘟病：重点落实预防措施，在水稻分蘖期至破口抽穗期施药预防叶瘟和穗瘟。可以结合实际情况选择种植优良食味抗病品种2个～3个，避免品种种植单一化，搞好种子消毒，避免过量和过迟施用氮肥。常发区秧苗带药移栽，分蘖期田间出现急性病斑或发病中心时施药控制叶瘟，破口抽穗初期施药预防穗瘟。提倡使用高含量单剂，避免使用低含量复配剂。

纹枯病：加强肥水管理，搞好健身栽培，分蘖末期晒田。药剂防治重点在水稻分蘖末期至孕穗抽穗期，当田间病丛率达到5%～20%时施药防治。

稻曲病：选用抗性品种，避免过量和迟施氮肥。重点在水稻孕穗末期即破口前7天～10天施药预防，如遇适宜发病天气，7天后需要第2次施药。

条纹叶枯病：种植抗病品种，药剂拌种或浸种，防虫网或无纺布覆盖集中育秧，秧苗带药移栽。重点在秧苗期和分蘖期防治灰飞虱，在灰飞虱迁入秧田盛期，当带毒虫量达15头/m^2～20头/m^2时和本田分蘖期带毒灰飞虱成虫和若虫量达到12头/百丛～15头/百丛时，施用杀虫剂和抗病毒剂防治。

9.3.3.4　组合措施

选用抗病品种防病技术：优先使用抗（耐）稻瘟病、稻曲病、条纹叶枯病的优良食味水稻品种。

深耕灌水灭蛹控螟技术：利用螟虫化蛹期抗逆性弱的特点，可在春季越冬代螟虫化蛹期统一翻耕冬闲田、绿肥田，灌深水浸没稻桩7天～10天，灭蛹效果可达70%以上，可有效降低虫源基数。

种子处理和秧田阻断预防病虫技术：使用吡虫啉、噻虫嗪或吡蚜酮拌种或浸种，或用20目防虫网或无纺布防护育秧，预防秧苗期稻飞虱、条纹叶枯病等病毒病和稻蓟马。秧苗移栽前3天～5天施一次药，带药移栽，预防稻蓟马、螟虫、稻飞虱及其传播的病毒病。

昆虫性信息素诱杀螟虫技术：螟虫越冬代和主害代始蛾期至终蛾期，集中连片使用性信息素，诱杀螟虫成虫，降低田间卵量和虫量。

生物农药和生态防治病虫技术：

a）苏云金杆菌（Bt.）防治二化螟和稻纵卷叶螟技术。于二化螟、稻纵卷叶螟卵孵化盛期施用Bt.。Bt.对家蚕高毒，临近桑园的稻田慎用。

b）“井・蜡质芽孢杆菌”、枯草芽孢杆菌、嘧肽霉素、春雷霉素等防治稻瘟病技术。在叶（苗）瘟出现急性病斑或发病中心和破口抽穗初期，均匀喷施“井・蜡质芽孢杆菌”或枯草芽孢杆菌或嘧肽霉素或春雷霉素，齐穗时再喷1次。

c）“井・蜡质芽孢杆菌”防治稻曲病技术。在水稻孕穗末期或破口前7天～10天，施用“井・蜡质芽孢杆菌”预防稻曲病，兼治纹枯病。

d）稻鸭共育治虫防病控草技术：水稻移栽后7天～10天，禾苗开始返青分蘖时，将15天左右的雏鸭放入稻田饲养，每亩稻田放鸭10只～20只，破口抽穗前收鸭。

9.3.3.5 合理使用化学农药

根据病虫测报，对症下药，控制病虫害发生。提倡使用高效、低毒、低用量、低残留农药和精准施药，减少污染。优良食味晚粳稻防治农药推荐品种和使用方法见附录A。

10 适时收获

在95%以上的水稻籽粒转黄时，选择合适的收割机具进行机械收获，防止割青。联合收获应在露水基本消失后作业。有条件的应首选具有茎秆粉碎装置的全喂式收割机收获，或者及时组织机械化分段收获，并采取低温烘干至标准含水量14.5%入库，单独储藏。避免在高温环境下干燥或干燥过度，导致稻谷加工质量降低、食用品质变劣。

附　录　A

（规范性附录）

优良食味晚粳稻安全栽培技术规程

表A.1给出了标准中提到的优良食味晚粳稻安全栽培技术规程。

表A.1　优良食味晚粳稻安全栽培技术规程

序号	农药通用名	剂型及含量	用量/667m^2	防治对象
1	吡蚜酮	50%水分散粒剂	20g	褐飞虱、灰飞虱、白背飞虱
2	噻虫胺	20%悬浮剂	50mL	
3	烯啶虫胺	50%水溶性粉剂	10g	
4	甲维·茚虫威	25%水分散粒剂	10g	纵卷叶螟
5	茚虫威	30%水分散粒剂	2g	
6	氯虫苯甲酰胺	10%悬浮剂	10mL	纵卷叶螟、水稻螟虫
7	甲氨基阿维菌素苯甲酸盐	5.7%水分散粒剂	25g	
8	甲氧虫酰肼	24%悬浮剂	30mL	
9	噻呋·戊唑醇	27%悬浮剂	20mL	纹枯病
10	井冈霉素A	24%水剂	40mL	
11	三环唑	75%可湿性粉剂	25g	稻瘟病
12	嘧菌酯	10%微囊悬浮剂	8g	稻曲病

ICS 65. 020. 20
B 05

DB 3205

苏州市农业地方标准

DB3205/T 247—2016

机插稻田杂草“零天化除”综合防控技术规程

2016 - 12 - 31 发布　　2017 - 01 - 01 实施

苏州市质量技术监督局　发布

前　言

本标准按照 GB/T 1.1—2009《标准化工作导则　第 1 部分：标准的结构和编写》的要求编写。

本标准附录 A 为资料性附录。

本标准由苏州市农业委员会提出。

本标准起草单位：张家港市植保植检站。

本标准主要起草人：陆彦、王科峰、戴伟峰、范美娟、王开峰、殷茵。

机插稻田杂草“零天化除”综合防控技术规程

1　范围

本标准规定了苏州市机插稻田以“零天化除”为主体的杂草综合防除技术措施。

本标准适用于水稻规模化生产，适合苏州市机插水稻的杂草防除综合治理。

2　规范性引用文件

下列文件对于本标准的应用是必不可少的。凡是注日期的引用文件，仅注日期的版本适用于本标准。

凡是不注日期的引用文件，其最新版本（包括所有的修改单）适用于本标准。

GB 4285—1989　农药安全使用准则

GB/T 8321（所有部分）　农药合理使用准则

NY/T 500—2015　秸秆还田机　作业质量

3　术语和定义

下列术语和定义适用于本文件。

3.1　机插水稻

指高性能插秧机代替人工栽插秧苗的水稻移栽方式。

3.2　零天化除

指除草剂施用与水稻插秧同步，中间无间隔，精准施药，节省劳力，提高施药

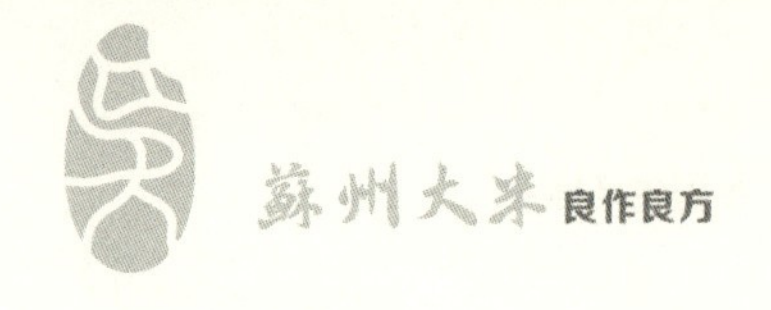

效率的化除方式。

3.3 茎叶处理

指水稻出苗以后即苗期施用除草剂，将除草剂药液均匀喷洒于已出苗的杂草茎叶上。

4 主要防除对象

4.1 禾本科（单子叶）杂草

稗草、千金子、异型莎草等。

4.2 阔叶（双子叶）杂草

鸭舌草、水苋菜、鳢肠、矮慈姑、丁香蓼等。

5 综合治理技术

因地制宜地采用生态、农业、化学等措施，相互配合，经济、安全、有效地控制杂草发生与危害。

5.1 生态措施

稻田边种植豆类等诱集植物，替代用灭生性除草剂控制田边杂草，减少杂草发生基数。

5.2 农业防治

5.2.1 整地除草

小麦腾茬后，耕翻上水诱发杂草出苗，移栽前机械整地，利用机械整地控制已出生的杂草，减少栽后的杂草基数。

5.2.2 以水控草

移栽后即建立并保持浅水层，实现以水控草。

5.2.3 人工除草

7月20日后，仍有杂草的田块，人工拔除直接杀死杂草。

5.3 零天化除

5.3.1 所需机械

5.3.1.1 插秧机

久保田乘坐式高速插秧机。

5.3.1.2 施药装置

拜耳除草剂专用施药器 CS—6C，最大装液量为 16L。

5.3.2 施药前准备

5.3.2.1 机械检查

按使用说明书于作业前检查插秧机和施药器。

5.3.2.2 秸秆机械化全量还田

作业质量应符合 NY/T 500—2015 要求。

5.3.2.3 整地

要求田面整洁无杂物；田面平整，全田高低差小于 3cm；沉实（一般沙土 1 天，黏土 2 天）后泥水分清，沉淀不板结。

5.3.2.4 壮苗栽插

栽插时，秧苗要求：秧龄 15 天～18 天，叶龄 3 叶～4 叶，苗高 12cm ～ 18cm，每平方厘米成苗 1.5 株～3 株，苗挺叶绿，基部粗扁有弹性，秧苗整齐，无病虫危害。单株白根数 10 条以上，根部盘结牢固，提起不散，盘根带土厚度 2.0cm ～ 2.5cm，厚薄一致。

5.3.3 施药

5.3.3.1 药剂选用

使用附录 A 中推荐的除草剂品种。选用施药器 CS—6C 专用除草剂 35% “丁草胺 · 丙炔噁草酮”悬浮剂和 19% 氟酮磺草胺悬浮剂。

5.3.3.2　用药量

每667m^{2}用35%“丁草胺·丙炔噁草酮”悬浮剂100mL加19%氟酮磺草胺悬浮剂8mL兑水至2kg滴施。

5.3.3.3　配药

配药时使用干净的清水。采用二次稀释法配药，先将除草剂倒入小容器中，加适量清水溶解成母液，再按说明书使用剂量进行二次稀释，药剂充分搅拌均匀后再倒入施药器中，不能在药箱内直接将水和药剂混合。

5.3.3.4　安装调试

按使用说明书将施药器安装到插秧机上，根据水稻插秧机栽插株距、横向次数两个参数，合理调节施药器内药滴的滴速。

5.3.3.5　施药方法

起动插秧机发动机，将主变速手柄置于“前进”侧，在插秧的同时施药。

5.3.4　“零天化除”注意事项

5.3.4.1　平整和耙田时，田面平整均一，避免田土露出水面，并注意管理田埂，以免田水从田埂流失。此外，耙田后到插秧的时间不宜过长。

5.3.4.2　插秧时使用壮苗，避免使用弱苗。

5.3.4.3　薄水状态下栽插，防止干插或水层过深。

5.3.4.4　确保适当的栽插深度，避免浮秧和过度的浅插。

5.3.4.5　栽插时，要时刻注意施药器内的药液量，装秧后或在靠田埂边时应及时补充药液量。

5.3.4.6　插秧后，保持3cm～5cm的浅水层一周左右。

5.3.4.7　插秧后，尽量避免进入大田。否则会破坏处理层，降低除草效果。

5.3.4.8　注意高温期间的用药安全。

5.3.4.9 施药结束后，根据使用说明书的要求，对插秧机和施药器进行清洗、保养和维护。

5.4 补除技术

5.4.1 施药时间

正常情况下，按“零天化除”要求严格施药的田块，一般不需要化学除草。如田间仍有部分杂草，视杂草发生情况采用封闭或茎叶处理进行补除。

5.4.2 封闭处理

栽后7天～10天，每667m^2用10%“苄·丁”微粒剂500g或20%“苄·丁”可湿性粉剂250g拌适量化肥或细泥撒施。

5.4.3 茎叶处理

5.4.3.1 施药时间

栽后15天～20天。

5.4.3.2 施药机械

根据需要选用背负式机动喷雾机、动力喷雾机（担架式、推车式）、喷杆式喷雾机等多种植保机械，每台作业效率（5～50）×667m^2/h。

5.4.3.3 施药方法

5.4.3.3.1 禾草类严重田块

每667m^2用2.5%五氟磺草胺可分散油悬浮剂100mL或10%噁唑酰草胺乳油100mL等药剂兑水40kg～50kg喷雾。

5.4.3.3.2 千金子严重田块

每667m^2用10%氰氟草酯乳油80mL兑水40kg～50kg喷雾。

5.4.3.3.3 禾阔叶草混生田块

每667m^2用6%“五氟·氰氟草”可分散油悬浮剂150mL兑水40kg～50kg

喷雾。

5.4.3.4　茎叶处理注意事项

5.4.3.4.1　不能随意增减除草剂使用量。

5.4.3.4.2　用药时田间必须保持浅水层，但水层不能淹没心叶，防止产生药害。药后必须保水3天～5天。

5.4.3.4.3　用药时间宜早不宜迟，防止草龄过大而影响防效。

5.4.3.4.4　喷雾或撒毒土要均匀，不能重复喷（撒）。

5.4.3.4.5　药后的田水禁排入河塘，以免造成污染和水生动物（生物）中毒。

5.4.3.4.6　高温期间用药注意安全。

附 录 A
(资料性附录)
推荐农药品种

表 A.1 给出了推荐的除草剂品种。

表 A.1 推荐除草剂品种

作用机理	农药名称	剂型	防治对象	施用方法及用量 (mL 或 g/667m^2)		使用时间
土壤封闭	35% “丁草胺·丙炔噁草酮”	悬浮剂	一年生杂草	零天施药	100mL	栽插时
	19% 氟酮磺草胺	悬浮剂	一年生杂草	零天施药	8mL	栽插时
	10% “苄·丁”	微粒剂	一年生杂草	毒肥(土)	500g	栽后天 7~10 天
	20% “苄·丁”	可湿性粉剂	一年生杂草	毒肥(土)	250g	栽后 7 天~10 天
茎叶处理	2.5% 五氟磺草胺	可分散油悬浮剂	禾本科杂草	喷雾	100mL	栽插后 15 天~20 天
	10% 噁唑酰草胺	乳油	禾本科杂草	喷雾	100mL	栽插后 15 天~20 天
	10% 氰氟草酯	乳油	千金	喷雾	80mL	栽插后 15 天~20 天
	6% “五氟·氰氟草酯”	可分散油悬浮剂	禾本科杂草和阔叶类杂草	喷雾	150mL	栽插后 15 天~20 天

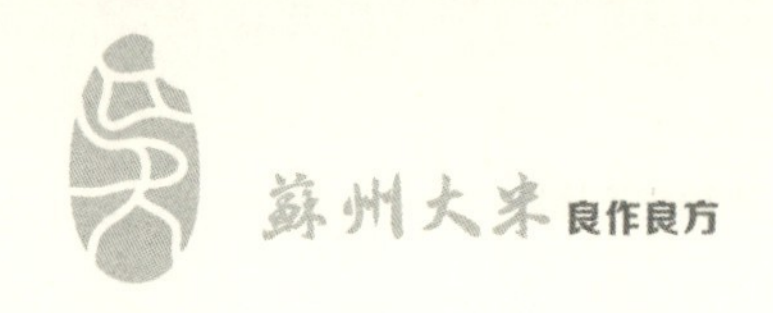

ICS 65. 020. 20

B 05

DB 3205

苏州市农业地方标准

DB3205/T 253—2016

利用稻螟赤眼蜂防治水稻螟虫技术操作规程

2017 - 12 - 31 发布　　2018 - 01 - 01 实施

苏州市质量技术监督局　发布

前 言

本标准按照 GB/T 1.1—2009 规则编写。

本标准由苏州市农业委员会提出。

本标准起草单位：江苏省太仓市土壤肥料站、太仓市植保站、常州宁录生物科技有限公司。

本标准主要起草人：张绪美、胡青青、沈文忠、李梅、毕建龙、张心明、周子骥、周丽花、杨海燕、陈伟、童坤。

利用稻螟赤眼蜂防治水稻螟虫技术操作规程

1　范围

本标准规定了利用稻螟赤眼蜂防治水稻螟虫技术的术语和定义、准备工作、放蜂、防效调查和建立档案的要求。

本标准适用于利用稻螟赤眼蜂防治水稻螟虫。

2　规范性引用文件

下列文件对于本文件的应用是必不可少的。凡是注日期的引用文件，仅所注日期的版本适用于本文件。凡是不注日期的引用文件，其最新版本（包括所有的修改单）适用于本文件。

GB/T 15792—2009　水稻二化螟测报调查规范

GB/T 15793—2011　稻纵卷叶螟测报调查规范

DB32/T 3167—2017　水稻大螟测报调查规范

3　术语和定义

3.1　毒·蜂卡（bee card）

将稻螟赤眼蜂寄生的米蛾卵用无毒不干胶按一定规格粘在特制纸板上，并在米蛾卵上配以苜蓿核多角体病毒制剂。稻螟赤眼蜂羽化后从寄主卵里爬出来时，每只稻螟赤眼蜂将携带经过高新技术处理过的苜蓿核多角体病毒，准确快速地找到害虫的卵，并在里面产卵、繁殖。通过破坏害虫的卵繁衍后代，同时病毒可在初孵幼虫体内繁殖使幼虫感染病毒而死亡，死亡害虫体内的病毒又通过水平扩散和垂直传递等多种途径使害虫种群长期带毒，从而持续、有效地控制害虫的为害。

3.2　稻螟赤眼蜂（trichogramma japonicum）

体长0.5 mm～0.8mm，黑褐至暗褐色，触角柄节淡黄，其余黄褐色，触角毛长而尖，喜好生活于稻田或相似的沼泽环境中，寄生于螟蛾科、夜蛾科、弄蝶科、小灰蝶科、灯蛾科等一些昆虫的卵中，是二化螟、稻纵卷叶螟、稻螟蛉等害虫的重要卵期天敌，对抑制这些害虫的为害起着重要的作用。

4　准备工作

4.1　提供天敌良好的生态栖息环境

在实施放蜂区域的整个稻田田埂上，每条田埂按0.5m～0.8m的间隔均匀种植芝麻、大豆等蜜源植物，为天敌提供充足的花粉和花蜜，同时作为农事操作干扰时的庇护场所，也为其他害虫天敌提供越夏、繁殖的场所。

4.2　田间螟虫调查

参考GB/T 15792—2009、GB/T 15793—2011和DB32/T 3167—2017，通过系统调查田间各类螟虫的发生情况，同时结合黑光灯诱杀螟虫或性诱剂诱捕器诱集螟虫的结果，准确预测出田间为害的主要螟虫的羽化始盛期，确保释放的稻螟赤眼蜂的羽化始盛期与螟蛾的羽化始盛期能同期发生。

5　放蜂

5.1　时间与次数

每代螟虫期间放蜂两次，第一次放蜂时间在螟虫产卵初期：当田间百丛水稻卵块达到2～3块时，即可放蜂，或当黑光灯同时诱到雌、雄蛾2天后，即可放蜂；4天～6天后为第二次放蜂时间。

释放稻螟赤眼蜂宜选择晴天傍晚或阴天进行，避开中午高温暴晒时间段，而且3天内不宜出现大风、大雨天气；如有，应补放一次。

5.2　密度及数量

顺着田埂方向按矩形设置放蜂点，按 10m×15m 放置，每亩设置 4 个～6 个放蜂点；同时，根据田间调查的每一代螟蛾成虫和蛹的发生量，每个放蜂点放 1 张～2 张蜂卡（每亩每次释放 0.6 万头～1.2 万头）。

5.3　放蜂方法

于放蜂点立一根长 1.5m 左右的细竹竿，在其顶端系一根细绳，绳子底端固定一个塑料杯或一次性纸杯，杯口朝下，并使杯口高于水稻顶端约 30cm，将准备好的毒蜂卡黏于杯内部，防止雨淋及暴晒。

对于处于分蘖期后的水稻，也可直接将毒蜂卡挂在茎叶上。

5.4　放蜂注意事项

5.4.1　毒蜂卡尽量在 24h 内放到稻田里，否则稻螟赤眼蜂将羽化飞出造成浪费。

5.4.2　放蜂前后 7 天内避免使用化学农药；生物制剂，如 Bt 制剂、植物源杀虫剂、真菌或细菌制剂对赤眼蜂安全，可照常使用。

5.4.3　为确保防治效果，放蜂时严格按照放蜂技术要求，释放面积尽量大些（一般 200 亩以上），释放地块尽量连片，田间蜂卡分布要均匀。

5.4.4　放蜂后及时调查卵寄生率及田间害虫幼虫数量，当幼虫数量达到化学防治指标时，要及时配合化学农药进行防治。

6　防效调查

6.1　调查方法

6.1.1　调查卵寄生率

稻螟赤眼蜂对螟虫卵的寄生率调查于放蜂后 5 天进行，按 GB/T 15792—2009、GB/T 15793—2011 和 DB32/T 3167—2017 的规定，在放蜂区和对照区采用 5 点取样法，每点各取20株水稻，调查二化螟、大螟、稻纵卷叶螟卵粒数，带回室内观察，统计寄生率（被寄生的卵前期有黑点，孵化后卵壳为黑色）。

6.1.2　调查稻田白穗率

释放赤眼蜂3次～5次后，在水稻乳熟期进行田间调查，在放蜂区和对照区各随机选取3块田，每块田采取平行跳跃式5点取样，每点查20丛水稻，计算出白穗率。

白穗率=（白穗数/总穗数）×100%

6.2　防效计算方法

防治效果=（放蜂区卵寄生率－对照区卵寄生率）/放蜂区卵寄生率×100%（放蜂后5天调查）

或

防治效果=（对照区白穗率－放蜂区白穗率）/对照区白穗率×100%（孕穗乳熟期调查）

7　建立档案

如实记录好天气、稻螟赤眼蜂释放时间、释放量、释放次数及防治效果。

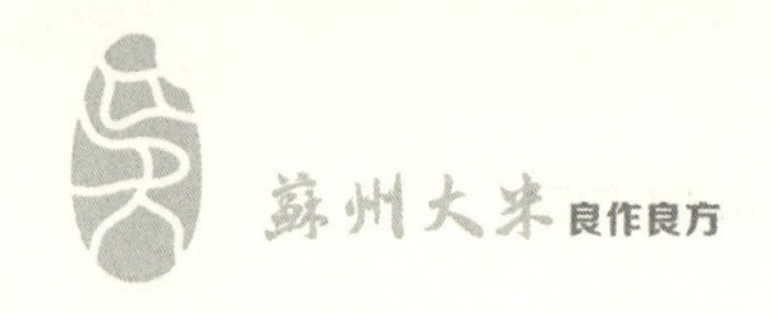

ICS 65.020.20
B 05

DB 3205

苏州市农业地方标准

DB3205/T 258—2017

优良食味粳稻减氮丰产生产技术规程

2017-12-31 发布　　2018-01-01 实施

苏州市质量技术监督局　发布

前　言

本标准按照 GB/T 1. 1—2009 的要求编写。

本标准起草单位：苏州市农业科学院、常熟市古里镇农技推广服务中心、苏州市迎湖农业科技发展有限公司。

本标准主要起草人：董明辉、顾俊荣、陈培峰、乔中英、王文青、王冬明、朱赟德。

优良食味粳稻减氮丰产生产技术规程

1　范围

本标准规定了优良食味粳稻减氮丰产的规范性引用文件、产地环境、种子准备、秧板制作与育秧、大田栽培、病虫草害防治和收获等技术指标。

本标准适用于江苏太湖地区，其他生态条件相似地区可参照使用。

2　规范性引用文件

下列文件对于本文件的应用是必不可少的。凡是注日期的引用文件，仅所注日期的版本适用于本文件。凡是不注日期的引用文件，其最新版本（包括所有的修改单）适用于本文件。

GB/T 3543. 4—1995　农作物种子检验规程发芽试验

GB 4404. 1—2008　粮食作物种子禾谷类

GB/T 8321—2007　农药合理使用准则

NY/T 496—2010　肥料合理使用准则通则

NY/T 1534—2007　水稻工厂化育秧技术要求

NY 5116—2002　无公害食品水稻产地环境条件

NY/T 5117—2002　无公害食品水稻生产技术规程

3　产地环境

选择地势平坦、排灌方便、地下水位较低、土层深厚疏松、远离污染源的田块，其生态环境质量应符合 NY 5116—2002 的规定。

4　种子准备

4.1　品种选择

根据不同茬口、品种特征特性及安全齐穗期，选择适合当地种植的食味优良的审定粳稻品种（例如：苏香粳100、南粳46等）。

4.2　种子质量

应符合GB 4404.1—2008的规定。

4.3　发芽试验

按照GB/T 3543.4—1995的要求进行操作。

4.4　种子处理

种子采用药剂浸种、催芽处理，按照NY/T 1534—2007要求进行操作，浸种前择晴天晒种2天～3天，然后按照植保部门主推的浸种药剂浸足48h，将起水后的种子进行催芽至破胸露白即可。

5　秧板制作与育秧

5.1　秧田选择

应选择土地平整、排灌通畅、相对集中、运输便利的田块作秧田。根据移栽大田面积，秧田半旱育秧按照秧大田1：90～1：100的比例准备秧田。

5.2　秧板制作

秧板宽1.4m。

5.3　育秧与秧苗评价

按照NY/T 1534—2007的要求进行操作。

6　大田栽培

6.1　翻耕整地

前茬作物收获后，及时耕翻整平，同时进行秸秆还田，每667m^2适宜还田量

200kg～250kg。旋耕后上水耙田整地，达到田平、泥熟、无残渣，田面高低相差不得超过2cm～3cm。移栽前需泥浆沉淀，壤土沉实1天～2天，黏土沉实2天～3天，待泥浆沉实后插秧。

6.2　移栽

6.2.1　移栽时间

移栽期以6月10日—15日为宜。

6.2.2　行株距配比

穴栽3苗～4苗，基本苗6万/667m^2～7万/667m^2。

6.3　肥料管理

6.3.1　施肥原则

肥料施用应符合“NY/T 496—2010 肥料合理使用准则　通则”的规定。宜少施氮肥，多施有机肥。早施分蘖肥，稳施拔节孕穗肥，增施磷钾肥，后期看苗补施穗肥。在麦（油菜）秸秆或绿肥全量还田下，基蘖肥与穗肥比例以7∶3为宜；基肥与蘖肥比例以4∶6为宜，氮、磷、钾搭配使用。穗肥掌握早施，以促为主。

6.3.2　施肥总量

为了确保可持续性丰产，同时避免农户施入过量的化肥，本规程采用一种最为简便且易于推广应用的方法，氮肥的理论施用量具体计算公式如下：

$$N = Y/100 \times N_{100}$$

式中：N为理论推荐施氮量，kg/667m^2；Y为目标产量，kg/667m^2；N_{100}为百千克籽粒吸氮量（或者称为“施氮系数”）。在当前生产条件下，太湖流域主推的粳稻品种建议取值2.1。

按照氮∶磷（P_2O_5）∶钾（KCl）=1∶0.5∶0.7的比例计算用量。例如，目标产量为 600.0kg/667m²，理论推荐施氮量为 12.6kg/667m²，施磷量（P_2O_5）为 6.3kg/667m²，施钾量（KCl）为 8.82kg/667m²。

6.3.3　肥料运筹

6.3.3.1　基肥

基肥采用全层施肥法，在秸秆还田的基础上施用有机肥作为基肥，占生育期施氮总量的 25%，耕前撒施，磷肥作基肥一次施用，施用氯化钾占生育期施钾肥总量的 60%。

6.3.3.2　分蘖肥

分蘖肥宜早施，栽后返青就施，控制无效分蘖、提高分蘖成穗率。栽后 5 天～7 天，施用尿素占生育期施氮总量的 25%；栽后 12 天～15 天再次施用尿素占生育期施氮总量的 20%。

6.3.3.3　穗肥

叶龄余数 3.5～4.0 时，促花肥施用尿素占生育期施氮总量的 20%，施用氯化钾占生育期施钾肥总量的 40%；叶龄余数 1.0～1.5 时保花肥施用尿素占生育期施氮总量的 10%。

6.4　水浆管理

机插结束后薄水护苗，活棵后脱水露田 2 天～3 天，而后浅干湿交替灌溉，总苗数达到预定穗数苗的 80% 时开始分次轻搁，达到田中不陷脚、叶色褪淡、叶片挺起为止。搁田复水后，保持干干湿湿，干湿交替。在抽穗扬花期保持浅水层，齐穗后干湿交替，收割前 7 天灌一次跑马水。

7　病虫草害防治

7.1　防治原则

农药使用符合 GB/T 8321—2007 的规定，禁用高毒高残留农药，注意不同作用机理的农药交替使用和合理混用。

7.2　防治方法

见本标准附录 A。

8　收获

当 95% 以上水稻籽粒黄熟、籽粒水分含量不低于 25% 时用收割机收获。收获后晒干或烘干，水分达到国家标准。贮藏应符合 NY/T 5117—2002 的规定。

附　录　A
（资料性附录）
主要病虫草害防治

主要病虫草害防治的常用农药、用量及方法见表 A.1。

表 A.1　主要病虫草害防治的常用农药、用量及方法

防治对象	防治时间	防治指标	防治药剂	用药剂量	防治方法
药剂浸种	播种前 7 天		17%“杀螟·乙蒜素”可湿性粉剂或 25%氰烯菌酯悬浮剂	200～300 倍液；2000～3000 倍	
秧田草害	旱育秧；湿润育秧		10%氰氟草酯乳油；6%“五氟·氰氟草”油悬浮剂	50mL/667m^2；6g～7g/667m^2	兑水 30kg～40kg 喷雾
本田草害	栽后 5 天～7 天		14%可湿性粉剂稻草畏（苄·乙）	40g/667m^2	拌土 20kg 撒施
纵卷叶螟	2 龄幼虫高峰期	30 头/百穴	20%“甲维·茚虫威”SC	10g～12g/667m^2	兑水 30kg 喷雾
二化螟	卵孵高峰期		25%杀虫双水剂	250mL/667m^2	兑水 50kg 喷雾
灰飞虱	一代成虫迁入高峰期，大田二代若虫高峰期	秧田：带毒虫 9 头/m^2～18 头/m^2 大田：带毒虫 1 头/百穴～15 头/百穴	50%“吡蚜酮·噻虫嗪”	8g～12g/667m^2	兑水 50kg 喷雾

续表

防治对象	防治时间	防治指标	防治药剂	用药剂量	防治方法
褐飞虱	低龄若虫高峰期	5头/穴～8头/穴	50%“吡蚜酮·噻虫嗪”	8g～12g/667m^2	兑水75kg喷雾
纹枯病	病情急增期	病穴率20%	5%井冈霉素水剂	200mL/667m^2	兑水75kg喷雾
稻瘟病	破口期		20%“井·烯·三环唑”可湿粉	75g～90g/667m^2	兑水50kg喷雾

后记

值此乡村振兴战略开局起步关键之年,《苏州大米良作良方》终于出版了。这是改革开放以来第一部比较系统全面地总结苏州现代农业大米产业实践与探索的专著。由于各地区的情况各不相同,农产品区域公用品牌建设的道路还在不断探索之中,我们试图把苏州大米区域公用品牌建设的良作良方、文化传承与大家进行分享,希望能为苏州大米乃至全国的农产品区域公用品牌建设提供一点有益的借鉴。

本书是由苏州市农业农村局历时两年编写完成的。在编写过程中得到了苏州市委、市政府的关心和支持,市农业农村局对本书的编写十分重视,组成了专门的编委会确定专著的总体思路、篇章架构、主要内容、章节提纲。参加本书文稿写作的周为友、沈雪林、吴正贵、李俊、王芳、张翔等同志,克服了编写工作与日常工作的矛盾,很多同志放弃正常的节假日休息,数易其稿,确保了编写任务的按期完成。秦伟同志对专著进行了统稿、终审,朱勇

良同志进行了全稿的技术校对。苏州市农业农村局的各处(室)和事业单位以及苏州市各市、区农业行政部门等单位为专著提供了丰富的典型材料和图片资料,苏州市市场监督管理局给予了帮助和支持,在此一并表示衷心的感谢。

在本书写作过程中,写作人员参考和引用了相关文献资料,吸取了专家学者的部分思想观点,未能在书中逐一注明,敬请谅解,并向他们表示诚挚的谢意。

农产品区域公用品牌建设是一个十分复杂的过程,各种因素包括人文因素往往交织在一起,许多方面尚在探索中,虽然我们在审稿中尽力做了协调统稿工作,疏漏之处恐仍难免,欢迎广大读者批评指正。

苏州大学出版社为本书的出版提供了大力支持,编辑、校对等同志辛勤工作,在最短的时间里完成了书稿的编排和出版工作,在此表示衷心的感谢。

本书编委会

2019 年 7 月